女儿，
你要学会保护自己
珊瑚海——著

江西人民出版社
Jiangxi People's Publishing House
全国百佳出版社

图书在版编目（CIP）数据

女儿，你要学会保护自己 / 珊瑚海著. -- 南昌 :
江西人民出版社, 2021.3

ISBN 978-7-210-12931-8

Ⅰ. ①女… Ⅱ. ①珊… Ⅲ. ①女性－安全教育－少儿读物 Ⅳ. ①X956-49

中国版本图书馆CIP数据核字(2021)第015655号

女儿，你要学会保护自己

珊瑚海 / 著

责任编辑 / 冯雪松

出版发行 / 江西人民出版社

印刷 / 衡水泰源印刷有限公司

版次 / 2021年3月第1版

2021年3月第1次印刷

880毫米×1230毫米　1/32　6印张

字数 / 102千字

ISBN 978-7-210-12931-8

定价 / 42.00元

赣版权登字-01-2020-681

前言

女儿，不论在任何时候，“保护自己”永远都是一个正确的观点。当危险来临时，财富、地位、容貌、名声等都是浮云。因为有了生命才能拥有这一切，当失去生命的时候，再多的财富、再美的容颜、再好的名声都将化为乌有。很多时候，我们并不是不懂得安全的重要性，而是不懂得怎样保证自己的安全。

女孩在人生灿烂的年龄，常常会由于社会阅历少、思想单纯、防范意识薄弱、缺乏安全常识，而给坏人提供了可乘之机。一些高发的安全事件时常发生在女孩身上，每一次相关的新闻报道都深深地触动着父母的心。

空姐李×深夜搭乘网约车途中遇害……

20岁女大学生孔×在高中同学的邀请下，独自去江西游玩，但假期结束后并未如期返校。这期间，孔×虽多次联系家人，但其说辞前后矛盾，家人怀疑其可能进入传销组织并被控制，后警方将她解救……

西安一所学校里，几名学生将一同学推下楼梯后拳打脚踢……

在广西一所中学内，多名女生在卫生间内对一名女同学进行扇耳光等欺辱性行为……

女孩被校园霸凌、诱拐、施暴、性侵、杀害等恶劣事件几乎每天都在发生，而且这种恶劣事件给女孩及其家庭带来了无法磨灭的伤害。所以，女儿，你一定要提高警惕，增强防范意识，平时多掌握一些自我保护的技能和方法，同时要自尊、自爱，才能远离危险和伤害。

本书是一本培养女儿自我保护能力的指导书。书中精选了八个常见的自我保护主题：校园、社会、友情与爱情、网络、陌生人、情绪、紧急危险、自然灾害。每一章的内容都是围绕这一主题的常见安全问题展开的。另外，每个小节内容中的板块丰富，含有“案例链接”“安全防护”“安全小贴士”，能够让女孩更加深刻地认识到安全问题，提高自我保护意识，并在面对危险时保护自己。

谨以此书献给所有正在成长中的女儿，希望能够通过阅读此书，增强你的安全意识，为你的人生添砖加瓦。毕竟，人生从来都不是一场轻松的旅行。

目录
contents

第一章

可爱的女儿，保护自己是你最该关注的事

每天练习几招自卫防身术

案例链接

案例一：

“男子暴打女孩”视频在网络上热传，一名女孩拿着手机在街头行走，迎面过来的男子突然用拳头重击她的面部，女孩倒地后，男子继续用拳脚重击女孩的头部和腹部多次，其间还试图脱掉女孩的外衣，最后拽着女孩头发将其拖出了视频监控区域。

案例二：

一女子在烧烤店被陌生男子打成脑出血（蛛网膜下腔出血），事件起因是她拒绝了这名男子提出的一起喝酒的要求。

一连串的社会暴力事件引发了网友的震惊和愤怒，且案件的受害者都为女孩。女孩作为弱势群体，时常会被一些不法分子盯上，成为重点侵害对象之一。因此，女儿，你有必要学习一些实用的自卫防身术。但愿你用不到，但一定要知道。

防身术是中国武术当中应用于自我防卫的一种技术，它区别于格斗、搏击、拳击等主动进攻型的运动形式。它的原则和目的是保护自己避免遭受非法侵害，迅速脱离非法侵害者的胁迫控制，以达到脱逃、自救、获救的目的。

安全防护

1. 身体素质是防身术的基石

防身术看上去很实用，但我们容易忽略其最基础的因素——身体素质，或是体力、体能。同样是直拳，女孩和男孩打出来的力量会相差很多。以强大的体质作为基础，任何招式都能成为绝招，相反没有好的体质支持，技巧的作用非常有限。因此，女儿，你要经常进行体育锻炼，加强自己的身体力量。

2. 平时多练习防身术的招数

当我们置身于真实的危险中时，恐惧会使人的肾上腺素分泌增加，呼吸频率加快，作用于心肌，引起心跳加速，使我们的身体很快进入警报状态，要么大脑一片空白，一通乱打；要么呆若木鸡，就像被天敌追捕的动物一样。总之，如果我们没有千百次的肌肉记忆，就很难做出正确的动作。

3. 教你几招实用防身术

（1）被对方从后面抱住时的解救方法：将臀部挪向一边，用手掌攻击其裆部，转身并击打颈部，踢其裆部，然后迅速跑开。

（2）被对方从后面抓住腕部时的解救方法：回头转向歹徒，踢其裆部，转身的同时用拳头攻击其脖子，然后迅速跑开。

（3）被对方从后面抓住肩膀时的解救方法：双手拿包或其他物体，转身击打对方脸部，用腿攻其裆部，然后迅速跑开。

（4）被对方正面掐住脖子时的解救方法：从中间举起双手，用大拇指戳对方眼睛，然后用脚猛跺对方的脚，在对方松开的那一刻，使劲推开对方，迅速跑开。

（5）从正面被对方按倒在地并被掐住脖子时的解救方法：首先要冷静判断对方的意图。如果对方只是压制，那么最好以顺从态度争取到对话机会，平复对方的情绪，从而获得自救；如果对方就是不松手，应奋力自救，比如用钥匙等尖锐物品攻击对方的眼睛，或用力掰对方的每根手指，直至对方松手，逃跑后要立即报警。

以上动作需要你经常练习，因为在实际运用中，对方不可能按照规定动作施暴，如果你打不准或踢不准对方要害，反而会激怒他。

安全小贴士

女儿，防身术不仅可以通过学习一些格斗技巧来实现，还可以通过随身携带的防狼喷雾、小电击棍来实现。但防身术最重要的是提高心理素质，锻炼识别周围是否有危险的技能，更多心思应该用在如何预判和逃脱上，而不要想着打斗、纠缠。

提升自身抗压能力，挫折并不可怕

案例链接

一中学在进行期中考试，在第一场数学考试中，王晓宇被监考老师发现夹带小抄。考试结束后，学校对31名考试违纪的学生进行公示，其中包括王晓宇同学。

根据学校有关期中考试的要求和规定，扣王晓宇所在班级量化分2分、个人数学考试成绩30分。回到宿舍后，室友发现王晓宇独自一人在楼道的窗台上，就赶紧把她从窗台上拉了下来。当时她情绪很激动，一直哭，嘴里还说了些话。

案例中王晓宇的内心是非常脆弱的，只因自己犯了错被学校处分，情绪便低落到了极点。有些时候，我们要有勇气承担和改正自己的错误，虽然被处分不是一件光彩的事情，但如何从中吸取教训、提高自身抗压能力才是我们应该学习的事情。

安全防护

1. 走出舒适圈，努力完成一件困难的事情

舒适圈，最早是地理学上的概念，用来形容那些气候宜人、四季如春的地区。随后，它慢慢衍生出了心理学的含义：人把自己的行为限定在一定的范围内，并且对这个范围内的人或事都非常熟悉，从而有把握保持稳定的行为表现。

女儿，困难是一笔财富、一种机会。努力去完成一件困难的事，不仅能检验我们的能力，还能考验我们的自信。相信我们不断地坚持，终将会练就一颗强大的内心。

2. 正确理解失败，才不会害怕失败

我们在失败时容易变得慌张急躁、内心自责，这会导致我们陷入回避新行动的恶性循环。这个恶性循环基本内容如下：

· 体验失败后，陷入慌乱，停止思考。

· 开始自责，产生各种消极情绪。

· 不愉快的消极情绪不断循环和加重。

· 回避可能产生不愉快体验的行动。

· 当认为自己对不愉快处境无能为力时，产生无力感。

女儿，如果你想要处理好自己的失败，就应该尽量避免这个恶性循环。其中最重要的是冷静地分析问题的原因，吸取教训，以后避免此类情况的发生。

3. 多感受音乐，能缓解压力

音乐会给我们的大脑带来积极的影响。研究发现，音乐可以激活大脑中对愉快性刺激起反应的领域，身体会分泌出“快感激素”多巴胺。多巴胺能传递快感，影响人对事物的欢愉感受。因此，常听舒缓音乐，能使人精神愉悦，缓解压力。

4. 减轻时间压力的方法

减轻时间压力的方法主要有：

（1）制订一份可以追踪并回顾的计划。

（2）为特定的活动预留时间，比如，在每天学习的最后抽出一点时间，总结一天完成的任务，决定应该暂停、推迟或快速解决哪些内容，这就是一种很有效的方法。

（3）让别人知道自己何时有时间。

（4）明确说明自己的时间安排。

（5）在特定时间谨慎选择是否要解决别人提出的问题。

（6）学会拒绝别人。

（7）把时间用在能带来改变和影响的事情上。

（8）对一件需要完成的事情要多预留10%的时间。

安全小贴士

我们该如何观察面对压力时出现的各种各样的信号?通常可靠性指标出现在三个领域：身体状态，如眼睛酸胀疲劳、无精打采等；情绪状态，如心情不定、抱怨等；思想状态，如遗忘重要的事、在自己能做到位的领域出现错误、失去动力、不再自信等。

积极治愈五步走，告别创伤后应激障碍

案例链接

女孩李某在初中时被邻居家的哥哥性侵，事后对方还恐吓她，如果她敢告诉家人，对方就会伤害她的家人。之后，只要李某独自一人在家时，就感到非常恐惧，很担心对方会再次伤害她。尤其是到了夜晚，这种恐惧感会更加强烈。

有一次，她睡觉时不小心碰到一个毛茸茸的东西，就以为是邻居家的哥哥来侵犯她，吓得她大哭起来，声嘶力竭。家人听到后，赶紧打开灯，原来是一只小猫溜进了她的房间。这种恐惧一直持续到她成年，只要她一个人在家，就会紧锁大门和卧室门，否则很难安心休息。

在一个人的安全甚至生命受到威胁后，或者在经历某种创伤事

件后，会发展成这种问题——创伤后应激障碍。伴随这种症状的典型情绪是：强烈的恐惧、憎恶、反感、震惊以及无助。

受伤者需要一位对创伤本身以及如何治疗心理创伤有相当多了解和丰富经验的心理咨询师。恢复创伤需要一个过程，其中第一部分是与治疗师建立良好的关系。只有当受伤者感到足够安全，她才可以进到治疗室。接下来，按照下面五个步骤进行操作，可以让受伤者告别创伤应激障碍。

安全防护

1. 回忆

回忆是指恢复受创伤时间的原貌，接受当时所发生的一切客观事实和细节。即使那些细节里可能包含很多让当事人感到恐惧、震惊、难过、受伤的信息，也要不回避、不掩饰地呈现出来。

2. 感受

当事人要拿出勇气，允许自己承认当时的巨大恐惧与伤害，允许自己去充分体验内心的真实感受。因为只有当事人用心去感受它们，它们才有可能被充分地表达。

3. 表达

所有的情感都必须被表达，表达不应局限在自己，写日记、自言自语等方式是远远不够的。受伤者还需要与他人交流，将自己当时的感受、情绪都说出来。

4. 释放

充分释放意味着放下。比如，为所爱的人的逝去而痛苦，会缓解当下的悲痛，但是面对这种失去，要想实现真正的内心平静，受伤者必须放下自己所爱的人，必须接受所爱的人已经不在、已经逝去，日子无论如何都要继续过下去的事实。

5. 换种方式去思考

换种方式去思考，即要进行认知重构，它应贯穿到受伤者生活的方方面面。受伤者的思维方式大多是负面的、消极的，很容易将创伤性事件进行错误归因。认知重构可以帮助受伤者重塑积极的、正面的想法，将之前的“我什么都做不到”变成“我可以做到，只要努力就能做到”，将“没有人会在乎我”变成“我会得到许多的爱和支持，有很多人都会帮助我”。

安全小贴士

最新研究发现，一旦创伤性记忆暴露在消极体验中，大脑就会释放出皮质醇和去甲肾上腺素两种化学物质，它们都会起到强化记忆的作用。因此，如果受伤者可以更好地应对这些创伤性事件，在一定程度上就能够降低这两种化学物质的产生，从而阻断创伤性记忆的强化进程。

安全知识扩展 女儿，你不可不知的急救常识

1. 出血急救

出血急救的主要方法如下：

（1）指压止血法。压迫伤口的上方，即动脉的近心端（靠近心脏的那一端），压迫时最好能触及动脉搏动处，并将血管压迫到附近的骨骼上，从而阻断血流，起到止血作用。

注意，指压止血法仅适用于紧急情况下止血，止血时间短，不能长时间使用。

（2）包扎止血法。把能够找到的布带（丝巾、围巾、毛巾等）叠成5厘米宽，做成止血带。止血带必须扎在受伤肢体的近心端，将止血带紧紧绕两圈后打结。

注意，每隔30分钟松开一次止血带，放松一下后再系紧。

2. 呼吸、心搏骤停急救

关于呼吸、心搏骤停急救，关键做法如下：

（1）大声呼救，摸脉判断病人意识、呼吸和心跳。

（2）一旦触摸颈动脉无搏动，目测没有呼吸或呼吸不规则，应立即拨打急救电话。

（3）等待专业救援的过程中，为病人先进行心肺复苏操作，其步骤如下：

第一，让病人仰卧在平坦的地方，暴露胸部。

第二，按压部位在胸部正中胸骨下半部，即一手掌根部放于两乳头连线之间的胸骨处，另一只手平行重叠于此手背上，双手指紧扣进行按压。

第三，身体前倾，肩、肘、腕位于同一轴线，与病人身体平面垂直，应用上半身的力量垂直向下用力快速按压，使胸骨下陷5～6厘米，然后迅速放松，反复进行。

第四，通常一个周期按压30次，按压频率规定为100~120次/分。

第五，采取30次胸外心脏按压后，还需人工呼吸，交替进行。撑开病人的口，用拇指和食指捏住鼻孔，用双唇包封住病人的口外部，用中等的力量进行吹气，吹气不宜过大，时间不宜过长。

3. 溺水急救

溺水急救的主要方法如下：

（1）使溺水者保持呼吸道通畅。

（2）急救者一腿跪在地，另一腿屈膝，将溺水者腹部横放在大腿上，使其头下垂，接着按压其背部，使胃内积水倒出。

（3）人工呼吸、胸外心脏按压和吸氧。

溺水自救：人体天生就有漂浮的能力，漂浮的唯一必要条件是肺部充满空气，所以在水中只要保持头部在空气中，并进行有规律地呼吸，人就不会溺亡，但前提条件是避免心理的恐慌。

4. 骨折急救

骨折急救的主要方法如下：

（1）肢体骨折。用夹板和木棍、竹竿等将断骨上、下方两个关节固定，避免骨折部位移动。

（2）开放性骨折。伴有大出血，先止血，再固定，并用干净布片覆盖伤口后送往医院。

（3）颈椎损伤。让伤者平卧，然后用沙土袋放置头部两侧以使颈部固定不动。

（4）腰椎骨折。让伤者平卧在硬木板上，并将腰椎、躯干及两下肢一同进行固定。

5. 触电急救

触电急救的主要方法如下：

（1）火速切断电源。

（2）如触电者仍在漏电机器上，用干燥的绝缘物体将触电者推开。

（3）在未切断电源前，抢救者切忌用手直接去接触触电者。

（4）如触电者出现休克、昏迷的症状，立即进行人工呼吸和胸外心脏按压急救。

6. 烧烫伤急救

烧烫伤急救的主要方法如下：

（1）烧伤创面，立即用清水冲洗，用干净纱布包扎。

（2）被液体烫伤后，可用冷水冲淋10~20分钟后剪去被浸湿的衣服，切记不要强行撕下，以免引起二次损伤。切勿将大面积深度烫伤伤者浸入冷水中，以免引起体温和血压急剧降低，造成休克。

（3）当烧、烫伤者缺水时，可多次少量为其口服淡盐水。

（4）烧伤面积超过40%，如果出现呕吐时，在24小时内禁食，口渴时可用少量水湿润口腔。

（5）及时送医。

7. 异物卡喉急救

如果异物卡得较浅，可尝试咳嗽或刺激呕吐，看能否咳出或呕出异物。如果不行，不要尝试通过大口吞咽饭团、馒头等方法将异物吞进肚子里，应尽早去医院，让医生通过喉镜或胃镜将异物取出。

如果异物卡在气管处，应拨打120求救，并立即采用海姆立克急救法施救或自救：

（1）施救者站在患者身后，一手握拳，拳眼对准患者上腹部

（肚脐以上两横指），另一手握住此拳，用力快速往后上方冲击，直至异物排出。

（2）也可以将患者上腹抵压在圆钝椅背处，连续弯腰挤压腹部，直至异物排出。

8. **扭伤急救**

不小心扭伤了，急救办法如下：

（1）停止走动。

（2）扭伤后48小时内，可用毛巾包裹冰袋冰敷。注意千万不要热敷。

（3）平卧休息时可以在受伤的脚下垫一个枕头，让脚踝高于心脏平面，缓解充血和肿胀。

（4）严重的扭伤可能导致骨折，需尽快就医。如果出现完全不能动、冰敷后疼痛无好转、受伤部分变紫青色、麻木没有知觉或有刺痛感等，也应及时就医。

此外，生活中还要积极预防扭伤。要选择一双合脚的鞋子；尝试做一些加强平衡能力的运动，如瑜伽；从事强度略高的体育活动，如球类运动时，要做好热身运动，佩戴护腕或护膝、护踝等。

9. **食物中毒**

食物中毒后的急救方法如下：

（1）若食物中毒不久且无明显呕吐，可先用手指或筷子等刺激舌根部进行催吐。

（2）中毒者应大量饮用温开水，反复自行催吐，之后可适量饮用牛奶以保护胃黏膜。

（3）如果在呕吐物中出现血性液体，则提示可能出现了消化道或咽部出血，应暂时停止催吐。

（4）如果吃下有毒食物时间较长（超过两小时），但精神较好，可采用服用泻药的方式，促使有毒食物排出体外。

第二章

象牙塔里不平静，校园安全要时刻警惕

遭遇同学殴打，及时反映才能阻止暴力

有人索要钱财，千万不可逆来顺受

避免与男同学在人少的地方单独见面

莫让攀比、炫耀心理蒙蔽自己的双眼

安全知识扩展　了解性侵害的类型

遭遇同学殴打，及时反映才能阻止暴力

案例链接

在一所中学内发生了校园欺凌事件，初一女生在寝室被数名同学轮番殴打，直至女生被打倒在地上。当时，由于被打女生知道凭自己一个人的力量根本打不过那么多人，因此并没有还手，也没有开口说一句话。

事后，被打女生感到很害怕，害怕被那些人再次殴打和威胁，因此经过一段时间的挣扎和自我鼓励后，她才鼓起勇气跟老师和爸爸妈妈，说出自己被同学欺凌这件事。因为她知道有第一次被打，就有第二次和第三次。由于她将情况及时地告知了大人，那些欺凌她的人很快受到了应有的处罚。

女儿，在网上随便一搜，你就会看到很多校园暴力的相关新闻，可怕的是这些新闻之间的时间跨度很短。校园暴力通常是一人或多人（加害方），向单独个体（被害方），所实施的攻击性行为或暴力事件。校园暴力包括谩骂、殴打、抢劫、性侵等。不管是哪种暴力，都会给女孩的身心造成伤害，严重的还可能导致被害方身心的永久伤痛。

2017年，联合国教科文组织曾发布了《数字背后：结束校园暴力和欺凌》报告，其中数据显示，全球每年有2.46亿学生（约占学生总人数的32.5%），遭受到校园欺凌。遭受校园欺凌时，只有一部分学生选择报告老师、父母或者警察，超过30%的人选择沉默。

一些女孩子在遭受到校园暴力后，依然保持沉默的原因主要有两个：一是不清楚自己的处境，尤其是对一些语言暴力和冷暴力，很多女孩无法分辨，反而会认为自己做得不好，或者自己的某些行为“得罪”了其他人；二是怕自己的反抗会招来更多的暴力对待。

女儿，你要知道，越是沉默，校园暴力就越厉害。因此，在遭受暴力时，我们要勇敢地对它说“不”，并懂得依靠自己的智慧，向父母、老师、警察求助，才能更好地保护自己。

安全防护

1. 面对非身体伤害的校园暴力

对于某些非肢体的伤害，如排挤和冷落等，我们要控制自己的脾气，不要因为一时冲动，酿成大错。比如，被同学取恶意外号，此时，我们不宜过分地在意与夸大，更不宜用极端的行动来应对。在事后，我们可以将这些情况告诉爸爸妈妈和老师，共同解决，即用合适的方法回击。

2. 面对身体伤害的校园暴力

我们要坚决地向校园暴力说“不”，一味地忍让会强化实施侵害者，使他们更加肆无忌惮施暴。我们一般建议在遭受殴打时，不要反击，当然并不是要女孩忍气吞声，而是不应当采取与侵害者一样的暴力行为。适当的反击能够起到警告对方的作用，或者通过有策略的谈话和借助环境来使自己摆脱困境，注意不要去激怒对方。

3. 一定要及时求助他人

如果遇到校园暴力事件，一定要及时告诉父母和老师，不要自己承受身体和心理上的创伤。即使面临对方的威胁，比如，对方威胁我们不要告诉父母，否则就把照片或视频传到网上去等，也要把事实说出来。如果我们感觉自己的经历难以启齿，或者没有勇气当面讲述自己的遭遇，可以写纸条或让别人传达给父母、老师。

安全小贴士

在校园里，女儿，你要慎交朋友，从品格和行为上学会鉴别“朋友”是否带给自己正能量，不要仅靠表面和固化的“标签”来判断朋友的好坏，特别注意不要盲从“群体意识”和“群体决定”。

有人索要钱财，千万不可逆来顺受

案例链接

小童和小丹是同班同学，小童经常欺负小丹，有时发生在班级里，有时将其堵到厕所里打，也有发生在放学回家的路上。2018年11月至2019年1月期间，小童分5次向小丹索要200元、100元、300元、40元、30元。另外，小童让小丹花150元租同学的手机使用，归还手机时以手机出毛病为由分两次向她索要600元，小童多次要求小丹为其购买零食等物品。

直到春节前，小丹的妈妈才听说，小丹在学校长期被同学辱骂、殴打、索要钱财等。小丹吓得不敢说，最后经过心理辅导，她才说出了所有的事情。之后，家人带着小丹去公安局报了案。

现在的孩子口袋里普遍有不少零花钱，但因涉世不深，容易被恐吓住，成了那些勒索者眼中的“肥肉”。出于害怕心理，他们不敢告诉父母，更不会轻易报案，特别是被人用言语或暴力恶狠狠地吓唬一番，基本上就乖乖地听从了。

还有很多孩子，尤其是女孩抱有侥幸心理，认为“给他（她）一次钱，或许以后就不会再要了”。其实，对于勒索者而言，一次过于容易的得手，会让他更加张狂，特别是长时间无人举报，更是会频繁地索要钱财。

安全防护

（1）女儿，你要记住：人身安全永远是第一位的。千万不要跟勒索者硬碰硬，或者直接拒绝对方，这种方式很容易激怒对方，有可能让自己受到不必要的伤害。

（2）面对勒索时，千万不要表现出自己很有钱的样子，可以先尝试告诉对方，目前身上没有钱，等父母给钱了再给他。如果最后还是没有办法逃脱，那就先把钱给他，再找机会将这个情况告知父母或者老师。

（3）当被勒索后，不要抱有侥幸心理，想着“就这一次，也没什么，算了吧”。我们要知道，勒索者都是欺软怕硬，有了第一次还会有第二次、第三次……因此，我们要在第一次遭遇这种情况的时候，把情况及时反映给父母或老师，这样才能保护好自己。

（4）如果勒索者翻书包，那就先让他翻。而我们就可以趁着勒索者翻书包的时候，以最快的速度跑掉，并寻求朋友或老师的帮助。但如果对方人数比较多，周围也没有能跑的路，那就不要冒险跑开，否则会给自己带来更多的伤害。

安全小贴士

女儿，在校园内，注意不要显露你的贵重物品，花钱也不要大手大脚，否则很容易引起勒索者的注意，成为他们（她们）的目标。

避免与男同学在人少的地方单独见面

案例链接

11岁的小英是小学五年级的学生，一天小英到距离家只有15分钟路程的美术班上课。下课后很久，家里人迟迟没有等到她回家。随后家人开始寻找，但找了一个多小时还没见到小英，于是赶紧报了警。

在寻找的过程中，一位熟人称自己在一处院子外面的道路上见过小英，而这条路也是小英回家的必经之路。经过调查监控，终于找到了小英，但她已被害。

而凶手竟然是一位14岁的同校男生，之前两个人也曾在同一个辅导班，两家住得也比较近。凶手男生是想将小英带回家借机对她进行性侵，但遭到了小英的拒绝，在这种情况下凶手萌发了害人的念头。

女儿，对于这样的案例，我们更应该反思如何更好地保护自己的人身安全。可能很多女孩会认为单独和异性同学在一起没什么，况且是认识的人，但请记住：防人之心不可无，我们永远不知道对方在想什么，因为坏人通常都会隐藏得很深，让我们很难觉察。

安全防护

1. 上下学时与同学结伴而行

女儿，如果爸爸妈妈有时间，一定要让爸爸妈妈接送你上下学；如果爸爸妈妈没有时间，那你一定要与同性同学结伴而行，一起上下学。

女儿，尤其是放学后，尽量不要随便跟着男同学去偏僻的地方或对方的家里，即使你的好奇心很强，也不要轻易答应对方，而是要多一些考虑。你可以跟男同学这样说："多找几个同学一起，怎么样？"如果对方有其他说辞，你可以在提出多找几个同学后，立刻回头招呼自己认识的人，并大声把对方的要求说出来，不给他推辞的机会。

2. 携带手机，方便联系

女儿，上学时，你应携带充满电的手机，以便你需要帮助时，紧急联系家人或报警。另外，你要把自己的亲人设置成紧急联系人，当出现危险时，你可以以最快的速度告诉家人自己的困境。

在特殊或紧急情况下，你要懂得随机应变。比如，当着男同学的面，可以这样给妈妈打电话说：“妈妈，我和××同学在一起，在××地方……”相信对方听后，内心多少会感到一些害怕，他也不敢轻易侵犯你。

安全小贴士

对于男同学的一些无理、怪异的行为，如喜欢盯着我们看，我们一定要及时告诉父母，并且此后应远离有这种不良行为的男同学。

莫让攀比、炫耀心理蒙蔽自己的双眼

案例链接

小玲是某市一所普通中学高二的学生，她和几个同学约好周末到市中心一家量贩式KTV为她举行生日聚会。周末放学后，小玲和几个同学一起到了早已预定好的KTV豪华包间，从晚上6点一直玩到10点。虽然这家KTV提供免费的自助晚餐，但仅仅包房的费用就花去了1500元。

小玲对其他同学说："这钱是我爸爸给的，他起初不同意我来这里唱歌，但最终还是被我说服了。"当晚除了小玲的一番"挥霍"外，参加聚会的其他同学也都"出手不凡"，他们送给小玲的礼物有价值几百元的化妆品，还有名牌手表等。

女孩在学校里，有不少人喜欢比谁的零花钱多，比谁打扮得漂亮；在家里，比谁得到父母的疼爱多，比谁又有了新鲜的玩意儿……在不考虑自己的实际情况下，只是凭一时的冲动或者受某种外力的影响与他人盲目地比较。那么，这类攀比或炫耀是负面的消极的行为，对我们有害无益。

攀比或炫耀是每个女孩多少都会有的心理，只有摆正自己的心态，才不会被攀比或炫耀蒙蔽双眼。在生活和学习中的得失，不在于别人怎么样，而在于自己怎么样，即在昨天、今天、明天的背景下，找准自己的最佳定位，在不断超越自己已有状况的基础上与自己“攀比”。这样，我们才可以取得进步，自信心也会有所增强，从而超越原来的自我，并在欣赏自己的过程中，努力超越他人。

安全防护

1. 珍惜父母的血汗钱

每个人的钱都来之不易，父母为了能给我们更好的生活不舍得花多余的钱，那么我们要珍惜父母给我们创造的条件，并报答他们的养育之恩。在平时消费的过程中要有分寸，不应想花多少就花多少，没有一点节制；也不应随大流，别人有什么，自己也要有什么。不然，这样的消费观念和攀比心态会给自己和父母造成不良影响。

2. 注重内在的成长

攀比或炫耀都不过是为了彰显自己的外在，比如很多女孩炫耀自己的名牌包、手表，攀比文具是否高级等。一个女孩的优秀应该是从内在散发出来的，给人以良好的感受，因此我们应注重内在的成长，才是最关键的。这需要我们将更多的注意力都集中在学习方面，加强自身知识储备，提高自身修养，我们才能真正成长为一个人人羡慕的优秀女孩。

安全小贴士

我们要认识到校园绝对不是攀比、炫耀的争斗场，我们作为学生就应该从学生的角度出发，努力学习，将来才能在社会上超越他人，真正彰显自己各方面的优势。

安全知识扩展　了解性侵害的类型

性侵害主要有以下几种类型。

1．暴力型性侵害

暴力型性侵害，是指犯罪分子使用暴力和野蛮的手段，如携带凶器威胁、劫持女孩，或以暴力威胁加之言语恐吓，从而对女孩实施强奸、调戏、猥亵等。

这类性侵害的主体大多是校外人员，他们在与女孩交往的过程中，采取欺骗手段取得她们的信任。一旦女孩处于孤立无援的状态下时，他们就会使用凶器、殴打等暴力方式迫使女孩就范。如果在性侵害过程中被侵害人强烈反抗，或者犯罪分子害怕事情暴露，他们还可能会剥夺被侵害人的生命。

2．胁迫型性侵害

胁迫型性侵害，是指作案主体利用自己的权势、地位或职务等，对女孩采用利诱、威胁、恐吓等方法，如曝光隐私、毁坏名誉等手段，对其实行精神控制，使她们不能反抗，或在对方有求于自己的情况下，给女孩以某种许诺，迫使其不能反抗而就范。

胁迫型性侵害的主要特点有以下几种。

（1）利用职务之便或乘人之危而迫使女孩就范。

（2）设置圈套，引诱女孩上钩。

（3）利用过错或隐私要挟女孩。

3. 社交型性侵害

社交型性侵害，是指在自己的生活圈子里发生的性侵害，与受害人约会的大多是同学、熟人、同乡，甚至是男朋友。社交型性侵害又被称为“熟人强奸”“沉默强奸”“社交性强奸”“酒后强奸”等。受害人身心受到伤害以后，往往出于各种考虑而不敢加以揭发。

4. 滋扰型性侵害

滋扰型性侵害的主要形式有：利用靠近女孩的机会，有意识地接触女孩的胸部，摸捏其躯体和大腿等处，在商店、公共汽车等公共场所有意识地挤碰女孩等；暴露生殖器等变态式性滋扰；向女孩寻衅滋事，无理纠缠，用污言秽语进行挑逗，或做出下流举动对女孩进行侮辱、调戏。

5. 诱惑型性侵害

诱惑型性侵害，是指利用受害人追求享乐、贪图钱财的心理，诱惑受害人而使其受到的性侵害。

第三章

在形形色色的社会中，勿迷失了方向

火眼金睛识小偷，别让对方盯上你

案例链接

学校放寒假了，外地念书的心怡独自一人乘火车回家。她手推行李箱在进站口排队，人非常多。心怡发现后面有名男子一直紧贴着自己，刚开始她也没怎么在意。

后来，心怡感觉越来越不对劲，她用余光看了后面那名男子一眼，发现他用一只手提着包打掩护，另一只手在口袋外，手里还拿着心怡的手机。心怡确定了他是小偷后，赶紧大喊，周围的几个好心人帮忙把这个小偷抓住了。小偷行窃人赃俱获，被火车站的警务人员带走了。

虽然心怡的手机没被偷走，但心怡的警觉性比较欠缺，在这样的场合中，她不应把手机放在衣服外侧，这样很容易被小偷盯上。

反扒民警曾提醒：火车站盗窃案中有七成是发生在进站瞬间。有的小偷擅长“角色扮演”，如扮作乞讨者伺机扒窃；有的使用环保袋、雨伞、报纸等道具掩护；有的团队作案故意制造周围拥挤的假象，伺机作案。因此在人多拥挤的时候，我们要留意自己的贵重物品，最好将其放在衣服的内袋或暗袋里。

安全防护

1. 这样识别小偷

只要我们在人群中能够识别小偷，就会对他更加警惕。那么，该如何识别小偷呢?

（1）看神色。

小偷的神色和正常人不同。小偷的两眼总注视着别人的衣兜、背包，因神情比较紧张，往往两眼发直、发呆、脸色时红时白等。

（2）看举止。

小偷选定目标后就会紧紧尾随，趁人拥挤或车体晃动的机会，用胳膊和手背试探“目标”的衣兜等。

（3）看衣着。

那些三五成群作案的，衣着打扮往往相似。打扮平常、衣着朴素的，常是老扒手。

（4）听语言。

小偷之间常常说隐语、“黑话”。把上车行窃叫“上车找光阴”，把掏包称为“背壳子”“找光阴”，把上衣兜叫“天窗”，下衣口袋称“平台”，裤兜称“地道”，把女性的裤兜称“二夹皮”等。

（5）看动作。

在车上作案时，小偷一般会借车体晃动或拥挤的机会，紧贴被盗对象，利用他人或同伙作掩护，或用自己的胳膊、衣服、提包等遮住被盗对象的视线，得手后，会立即逃离现场。有的小偷发现侦查员，便做一个“八”字手势或摸一下上唇胡须，暗示同伙停止作案。

2. 重点防范身上的这个部位

上车刷卡、掏钱包、单手持手机、掀帘子、接物品，做这些动作时人们习惯使用右手，小偷往往就是利用人们这个习惯性动作下手的。因此上衣的右口袋容易被小偷盯上，我们的贵重物品如手机、钱包等要尽量放在衣服内袋里。

3. 把手机放在安全的地方

现在许多人出门不带现金，经常使用手机支付，因此我们出门时一定要把手机放在安全的地方。以下四种情况要避免：手机放在外衣袋里，边听音乐边忙别的事情，手机上悬挂各种夸张挂件，挂件露在口袋外，手机放在餐馆的桌上（小偷拍我们的肩膀，在回头的时候，手机很容易被偷）。

4. 在这些地方更要提高警惕

公交、地铁、火车站、医院、商场、自动取款机旁等都是小偷常活动的地方。比如，小偷会在地铁关门的瞬间立刻把手机抽走，然后冲下车；上车刷卡时，小偷会趁机下手；在医院的挂号缴费处、排队等候区也很容易被偷。因此在这些场所，我们要看管好自己的背包、斜挎包等。背包的拉链一侧应朝内放，小包应斜跨，并放在身体的前面。

安全小贴士

取款时，我们要环顾四周是否有尾随或可疑的人；输入银行卡密码时要用另一只手挡住；提取现金金额较大时，最好有可靠的人陪同。

远离酒吧这样的娱乐场所

案例链接

案例一：

大二女生应室友任某邀约前往某市区玩耍，同时任某还邀请了另外两名该女生并不认识的男子。随后，该女生的妈妈接到了女儿“跳江溺亡”的噩耗。

在调查视频监控时发现：女生被一个男子亲吻、搂抱，室友任某则固定住女生的身子，使其又被另一男子罗某掐住脖子狠狠地打了两个耳光。另外，从警方通报中发现，他们晚上先后去了3个酒吧，点了36瓶啤酒、一支42度调制白酒，去事发地酒吧时已经是当晚第三场酒了。

案例二：

16岁的小兰和小琪在某酒吧喝酒，期间先后结识了两名男子。

两名男子邀请她们一起喝酒，不胜酒力的小兰和小琪不一会儿就都喝醉了。当天凌晨1点，其中一名男子将小兰带到其住处，趁小兰醉酒无力反抗的机会，强行与她发生了性关系。

酒吧作为娱乐场所，如同咖啡馆一样，有着放松身心、促进社交的功能。但是，如此多的“酒吧事件”也让我们感受到了它与咖啡馆的不同。相比咖啡馆，酒吧显得更加“张扬”和“刺激”，在这样的氛围里，酒精成了危险性事件的催化剂。

有的女孩可能会说“我们不是未成年，我们已经长大了”，但像酒吧这样的娱乐场所里面鱼龙混杂，什么样的人都有，我们真的能保护好自己吗？像上面的案例，我们已经看到太多。因此我们一定要保护好自己，尽量远离酒吧这样的娱乐场所。

安全防护

1. 深夜不要外出

通常，零点前后发生危险的概率较大，我们最好在十点前回到校园或家里。记住，深夜尽量不要外出，尤其不要去酒吧这样的地方，最好待在校园或家里。

2. 学会拒绝朋友去酒吧的邀约

即使是熟悉的人邀请我们去酒吧玩，也应慎重考虑。如果自己感觉真的不太安全，那一定要找个借口回绝对方，不要因为难为情、怕丢面子而不好意思拒绝。

如果熟悉的人也邀请了陌生人，那更应好好考虑了，因为我们对陌生人一点也不了解，尤其是女孩，在酒吧这样的娱乐场所就更不安全了。

3. 不要喝陌生人递过来的酒水

女儿，万一要去娱乐场所，不要喝陌生人递过来的酒水，尤其是别人给的已开启瓶盖的酒水。同时，也不要让手中的酒水远离自己的视线，以免被人趁机下药。

4. 发现问题要及时求救

如果刚喝下一点酒水，就感到眩晕，多数情况下是自己已经被别人下药了。遇到这样的情况，要及时寻找工作人员或朋友求救，同时要积极展开自救。比如采取猛喝水或催吐的方式，缓解昏迷症状，争取时间离开。

安全小贴士

大量饮酒对人的身体有很大的危害，更何况是正在成长发育的女孩。另外，醉酒状态的女孩很容易会被不轨之徒乘虚而入，因此不管我们是出于好奇或是压力大等，为了自己的身体健康和人身安全，都应远离酒精。

传销陷阱难察觉，要提防“花式洗脑套路”

案例链接

案例一：

何琳坤被大学室友兼老乡杨某骗入传销组织，这之后，何琳坤以“信号不好”为由拒绝与父母视频通话和家人探望。因拒绝参加传销活动，何琳坤被多名传销组织成员殴打。

案例二：

李文通过互联网招聘平台，被一家“李鬼”公司录用，实为陷入一个名为“蝶贝蕾”的传销组织。微信总不回、电话态度冷漠、突然向朋友借钱，在李文出现了这样的奇怪行为的2个月后，李文于一处水坑里被发现已经溺亡。

年轻的女孩因心智不成熟，世界观、人生观、价值观尚未完全建立，容易被非法传销组织洗脑，接受犯罪分子的“谬论”，以为找到了发财致富的快捷通道，进而加入非法传销组织。而且，很多女孩往往会从被害人转变成为犯罪嫌疑人，诱骗更多的人。

传销，在国外被称为“金字塔式销售”，在我国俗称“拉人头”“老鼠会”。其含义是指参加者加入销售网络时，必须付一笔高额入门费以获得介绍他人加入的资格（或取得晋升到更高层的机会），加入者可以从其介绍的加入人员所缴付的费用中提取报酬，还可以从其下线发展的人员交纳的费用中再提取报酬，有明确的上下线关系，组成金字塔的多层次人际网络。

传销有欺骗性、隐蔽性、流动性和群体性，它被国际社会公认为“经济邪教”，被各国政府严厉打击和依法取缔。我国政府也果断采取了措施，对传销和变相传销进行了打击和清除。

安全防护

1. 了解传销洗脑“三部曲”

传销是一个循序渐进、不断洗脑的过程。无论是传统传销模式，还是网络传销模式，洗脑过程都非常相似。下面我们了解一下传销洗脑“三部曲”，其充分利用了人性的弱点和心理特点，最终将一名“新朋友”变成了死心塌地的传销分子。

第一步：在封闭环境中，“成功者”以经验介绍、授课等形式，给“新朋友”勾画“光辉前景”，比如在短期内即可达到“高额回报率”，从而点燃他们加入非法传销团伙的欲望。

第二步：在传销人员聚居的封闭环境中营造“大家庭”的氛围，由“培训员”向成员传授“传销战略战术和手段”，不断灌输传销快速致富理念，强调发财路径，将“致富”的梦幻进一步放大、巩固。

第三步：以问答形式消除成员残留的对传销不相信的想法，清除其付诸行动的各种障碍，消除其骗人的内疚感等。

2. 如何辨别传销、诈骗公司

各种专业反诈骗、反传销的公众号，对多种新型网络诈骗，特别是金融传销骗局进行了揭露。然而，揭露的速度远远赶不上各类传销诈骗公司设立的速度。下面八个常用网站可以帮助我们从多个角度对传销、诈骗公司进行鉴别。

（1）国家企业信用信息公布系统。

（2）工业和信息化部。

（3）中国机构检索。

（4）中国社会组织。

（5）全国统一社会信用代码信息核查系统。

（6）国家知识产权局综合服务平台。

（7）商务部直销行业管理。

（8）中国裁判文书网。

3. 要警惕网络传销

互联网传销方式更加多样化，隐蔽性更强，以创业投资为由提出网络创业、原始股投资、基金发售等为诱饵，欺骗勾引投资者上当；还有通过玩网络游戏、网上博彩，购买网上虚拟货币等，以直销奖、销售奖为诱饵发展下线等。

4. 坚定信念，别被反复的灌输洗脑

人往往在反复的理论灌输下容易动摇。但是，我们要记住，即使我们误入了传销组织，也要坚定信念，并想办法脱身。我们要寻找各种机会，想尽一切办法发出求救信号，但是千万不要硬碰硬，否则会给我们带来伤害。

安全小贴士

直销和传销有本质区别。直销是通过在工商行政管理机关登记注册，以商品销售利润分成的方式，公开进行的商品销售行为；而传销则是以资本运作或者购买商品为旗号拉人骗钱，没有经过工商机关注册，没有纳税凭证，本质上是一种骗局。发现传销和变相传销时，应及时向工商、公安机关举报。各地工商部门均设有举报受理热线12315。

如果乘坐网约车，该如何保护自己

案例链接

案例一：

空姐李某深夜搭乘网约车途中遇害。据遇害空姐的朋友介绍，在乘车不久，空姐李某曾通过微信对朋友说司机有些变态，说她漂亮、想亲她，朋友就劝她赶快下车。乘车期间朋友还给她打电话，但她称“没事没事”，朋友就挂了电话。6日，朋友和家属一直都联系不到李某，立即报案。

案例二：

20岁女孩乘网约车准备去给同学过生日。在乘车期间，女孩发现有些不对劲，她曾给亲友发消息称司机专门找没人的地方开，女孩也曾向好友手机发求救信息，随后女孩手机关机。家人察觉不对后立即报警，但当警察找到凶手，并控制对方后，女孩已经受害。

近几年，网约车司机骚扰、性侵、劫杀年轻女乘客的恶性事件频频成为热门新闻。发生这样残忍的事情，一方面是因为，网约车平台在管理上有着许多的安全漏洞，比如，平台对司机的审核不严格，没有对司机的背景进行严格的筛选等；另一方面则是因为，女孩们的安全意识普遍比较弱，在遇到坏人时，女孩与男性的身体力量相差悬殊。因此，外出乘坐网约车时，要懂得如何保护自己的人身安全。

安全防护

1. 注意坐车的位置

女儿，乘车时要尽量避免坐在副驾驶的位置，而是坐在副驾驶的正后方，这是打车的标准座次。因为通常车是左门不开、开右门，坐在副驾驶的正后方，一旦出现危险，逃跑的概率就会增加，另外还会让司机心理上产生恐惧。

上车关门前要先检查门锁、检查门窗升降是否正常，之后关闭车门，摇下玻璃的三分之一，方便必要时呼救。

2. 养成上车就报备的好习惯

女儿，在上车前，最好把对方的车牌号和车身概貌用手机拍下来，然后发给亲友。或上车后给家人或朋友打电话报备你在哪辆车上、在什么地方等关键信息。

在乘车时，我们可以这样打电话：“爸，我已经上车了，我从××

上的，20分钟到，你接我啊？好！我把车牌号告诉你。”打电话的时候，要让司机听见，我们可以故意问司机：“师傅，您的车牌号是多少？”“到时候有人来接我，麻烦您开下双闪让他们看见。”这样，司机就不太敢对你有什么非分之想了。

3. 坐车时千万别玩手机、别睡觉

上车后，很多女孩就自顾自地玩手机游戏，甚至感觉困了就睡觉，这是很不好的习惯。女儿，为了自身的安全，上车后尽量不要玩手机、睡觉，而是应该随时观察司机的动态和驾驶路线，发现不对劲时要及时提出来。

4. 别和司机随意攀谈

有的女孩性格活泼，平时和谁都能聊几句。但在乘车时一定不要和司机随意攀谈，尤其避免聊一些这类的话：“我对这条路不熟悉”“我第一次去那里”“我是外地人，刚来这个地方不久”等，这些信息无疑给图谋不轨的人吃了一颗定心丸。

安全小贴士

如果上车后，司机说要临时带一个人，那么这时千万不要犹豫，应该严词拒绝，因为如果司机起了歹念，这种行为会在无形中给他增加一个帮凶；司机也可能找此借口绕路，以便把我们带到陌生路段作案。

吸烟一点儿都不酷，成瘾害人害己

案例链接

记者："你为什么喜欢吸烟？"

女孩："学习压力大时，就去厕所或宿舍等地方吸烟，吸完烟后感觉神清气爽。况且班级里有几个女孩子也在抽烟。"

记者："吸烟对身体有害。为什么不戒掉？"

女孩："吸几根没什么的。吸烟有种酷酷的感觉，不想戒掉。"

女孩吸烟大多是跟风心理，看到其他女孩吸烟，自己也想吸烟；还有的女孩是看电影、电视剧中的女性角色吸烟，自己便去模仿，觉得这样很酷等。虽然我们都知道吸烟对身体有害，但是其实吸烟对女孩的伤害更加严重。

（1）烟草中的尼古丁能减少性激素的分泌量，使女孩出现月经失调、月经初潮推迟、经期紊乱等情况。

（2）长时间吸烟，女孩的皮肤会变得干涩、粗糙、弹性降低，皱纹多，面容憔悴，色泽带灰。

（3）长时间吸烟的女孩成年后，患不孕症的概率比不吸烟的女孩高2.7倍。

（4）长时间吸烟影响大脑的发育。特别是烟草中的尼古丁会对脑神经产生毒害作用，可导致女孩的记忆力减退、精神不振，进而影响智力发展。

（5）长时间吸烟还会破坏女孩的身体机能和身体免疫系统，造成免疫力下降，使其更容易生病。

安全防护

如果你已经开始吸烟，那么最好从现在开始努力戒掉。有烟瘾的女孩，可以通过以下方法来戒烟。

1. 写下一份承诺，向戒烟发起冲击

（1）制定一份“戒烟承诺书”：找出吸烟的真正原因。

（2）列出利弊清单。主动列出吸烟的“好处”和坏处，戒烟的“坏处”和好处，写得越具体越好，并保存下来，或贴在醒目的位置。帮助自己认清矛盾，增加戒烟愿望。

（3）记录一周的吸烟情况，包括时间、地点、和谁一起吸烟，当时的心情以及对这支烟的渴求。

（4）开戒烟“发布会”。可以事先向大家打个招呼，告诉大家自己从哪天开始戒烟，而且戒烟也是为了大家的健康，希望他们多支持和鼓励。

2. 戒烟的几种实用方法

可以寻求医生或专业人员的帮助，尝试使用干戒、中医针灸戒烟、心理支持和行为疗法、戒烟药、戒烟糖、戒烟贴、转移注意力等方法戒烟。其中，转移注意力的方法有外出散步、跑步、深呼吸、肌肉放松、瑜伽、爬楼梯、俯卧撑等。

3. 点揉几个穴位，帮助戒烟

如果戒烟时出现胸闷、气短、心慌等不适症状，可点揉膻中穴；如果有头晕的症状，可点揉百会穴；如果有烦躁易怒的感觉，可点揉神门穴和水沟穴。

4. 电子烟不能帮助烟瘾者有效戒烟

有人说，电子烟可以替代传统卷烟，其产品“健康无公害”，具有“无二手烟”“杜绝焦油等致癌物”“帮助戒烟”等效果，但大部分电子烟中都含有对健康有害的尼古丁。另外，导致烟瘾的主要成分就是尼古丁，电子烟中的尼古丁也一样会让人上瘾，有些电子烟中的尼古丁含量甚至超过传统卷烟。所以，抽电子烟并不能帮助烟瘾者有效戒烟。

哈佛医学院的一项研究也证实了这一点：这项实验将900名志愿者随机分成电子烟组和尼古丁替代组，经过一年的追踪调查后，发现电子烟组的戒烟率为18%，尼古丁替代组的戒烟率则为10%。而在这些成功戒烟人群中，80%的电子烟戒烟者会在成功戒烟后继续使用电子烟，并在一年后复吸；而在尼古丁替代组中，只有9%的人继续使用尼古丁替代品。

安全小贴士

最新报告显示：全国恶性肿瘤新发病例中，患肺癌的病例数量排在首位，且不吸烟的女性患肺癌比率大幅上升，罪魁祸首之一就是“二手烟”。密闭空间吸一支烟，PM2.5浓度达到800μg/m^3，残留的“烟味”竟含有10余种高度致癌物。所以，“二手烟”对我们的危害也是非常严重的。

疼痛的艺术：文身对你的身体害处多

案例链接

明丽是一名初二的学生，平时总是受到班主任的批评，因为她总带领班里几个学生在课上捣乱。有一次，明丽觉得文身很酷，就偷偷在学校附近找了一家小店，让对方在自己的后背文了一朵大花。文身的过程疼痛难忍，不一会儿明丽文身周边的皮肤就红肿起来。结果，明丽实在受不了了，不得不告诉妈妈，让妈妈带着她去医院看病。后来，她也后悔不已，文身除了酷，其实一点儿好处也没有。

文身，是用带有染料或墨的针刺入皮肤底层而在皮肤上制造一些图案或文字出来。有的女孩喜欢在脚踝处文兰花，有的女孩喜欢在脖子下面文身，有的女孩看到身边的朋友都学着崇拜的明星文了身，感觉很时尚，于是也在身上文个图案等。不管女孩出于什么目的，都或多或少地把文身当成了成人标志，是独特个性和自我的体现。

但是，处于青春期的女孩生理和心理都还没发育完善，长大后可能会因为人生观、价值观的改变而觉得身上的文身并不美观，也不合适，可能会为当初的盲目行为感到后悔。另外，文身对我们的身体也有一定的害处。

安全防护

（1）文身可能会伤及真皮，造成血液感染。文身专用的刺青颜料，含铅、铬等重金属及其他化合物，这些有色化学合成物质对人的身体有潜在的危害，频繁文身可能会使皮肤存留大量的毒素，从而诱发皮肤癌。

（2）并不是所有的人都适合文身，比如，患有糖尿病、白癜风、甲状腺疾病的人，文身后伤口一般不易愈合，因此不适合刺青。

（3）文身专用的针头如果消毒不彻底，可传播多种疾病，甚至可能传播乙型肝炎、艾滋病等病毒。

（4）有的女孩喜欢用文身贴纸，这样容易去掉，也不会留下永久性的印记。但有些文身贴纸中所用染料含有毒性，如朱砂、镉等，当女孩把文身贴纸贴到前胸、胳膊、小腿等部位时，容易受阳光刺激，使图案上的颜料在阳光作用下发生化学变化，让皮肤出现红斑、瘙痒、刺痛感等现象，严重可出现水肿、色素沉着等。

安全小贴士

目前，还没有研究出任何一种特效药物能够将文身不留痕迹地修复，通过激光祛除文身后文身色素会变淡，但是文身的轮廓依然存在，甚至激光处疤痕明显增生。唯一有效的办法就是做整形手术，但整形手术也是有手术切口的。

安全知识扩展　有关吸烟常见的几种错误认知

以下是几种有关吸烟常见的错误认识。

1. 吸烟没什么大不了的

吸烟可导致青少年哮喘、慢性阻塞性肺疾病，增加呼吸道感染的发病风险；吸烟可增加肺结核患病和死亡的风险；吸烟可导致冠心病、脑卒中和外周动脉疾病等。正是因为烟草造成的疾病和死亡不是即时发生，所以吸烟的危害常被低估。

2. 吸烟就是一种习惯，想戒马上就能戒

戒烟的主要障碍是吸烟成瘾，它不是一种习惯而是一种慢性疾病。对没有成瘾或烟草依赖程度较低的吸烟者而言，或许可以凭毅力自行戒烟。但是，对烟草依赖程度较高的人，则需要戒烟干预，包括使用戒烟药物以及进行行为矫正等。

3. 不吸入肺部，不会有害的

吸烟时不可能把烟雾完全留在口腔而不进入肺部。烟草中的多种有害物质也会对口腔造成伤害，轻则口腔溃疡，牙齿变黄锈蚀，重则引发口腔白斑（癌前病变），甚至口腔癌、唇癌。

4. 吸低焦油的烟，危害小

美国癌症协会发布了一项针对烟草与健康风险研究，6年跟踪观察94万名30~36岁吸烟者，分成极低焦油、低焦油和中等焦油三组，发现三组人群死于肺癌的风险没有差别。

第四章

情窦初开的年龄，异性友情不等于爱情

我们要分清青春期的友情与爱情

案例链接

丽丽和牛牛是从小玩到大的好朋友，从小学到高中都是在同一所学校上学。平时丽丽不开心时，总找牛牛诉说自己的心里话，而牛牛每次也都认真地倾听丽丽讲述自己的事情。

高中时期，很多同学也经常见到他俩一起放学，就开他们两个人的玩笑，说他们两个人是情侣关系。这让丽丽和牛牛感到很尴尬和困惑，难道平时在一起就是情侣了吗？

有时候，一些女孩很难分清楚异性友情和爱情，自身的言语和行为常被他人所误解，这将给女孩的生活和学习带来不少烦恼。作为女孩，我们首先要把握好与男生交往的尺度。

（1）不和男生有亲昵的行为。为了不被误以为是情侣关系，在教室、操场等公共场合，不单独和某个男生长时间聊天或有亲昵的行为。

（2）不要单独活动。不要单独约某个男生看电影、逛公园。

（3）不乱认哥哥。不要在校园里乱认哥哥，容易产生心理暗示。

（4）一起玩儿时不动手。毕竟男女有别，异性同学关系再好，也不要嬉戏、打闹。

安全防护

女儿，异性友情与爱情可通过以下两种方法来区别。

1. 认识友情

友情是一种来自双向（或交互）关系的情感，即双方共同凝结的情感，必须共同维系，任何单方面的示好或背离，不能称为友情。友情以亲密为核心成分，亲密性也就成为衡量友情程度的一个重要指标。

罗杰斯对这种亲密性做了三点概括：（1）能够向朋友说出自己的思想感情和内心秘密；（2）对朋友很信任，确信其“自我表白”将为朋友所尊重，不会被轻易外泄或用以反对自己；（3）限于被特殊评价的友谊关系中，也就是说限于少数的密友或知己之间。

2. 认识爱情

美国心理学家斯腾伯格认为，爱情由三大元素组成：激情、亲密、承诺。借助他的这一理论，我们可以把这三个元素调整为：激情、理解、践行。一个完整而美好的爱情，这三大元素缺一不可。激情是爱情中最感性的一个元素，理解是比较理性的一个元素，践行是把理性和感性落到实处，化为生活的事实。

（1）激情

激情是当我们对一个人产生浓厚的兴趣和好感时，会情不自禁地受到吸引，他的魅力让我们无法抗拒。一看到他，我们就会心跳脸红；移开目光时，却怎么也移不开我们的心。

激情也可以说是怦然心动，正是这种怦然心动，点燃了爱情之火，使爱情中的自己处于一种神魂颠倒的状态。因此，激情具有非理智的特性。

（2）理解

当我们因为一个人而怦然心动时，我们就不知不觉开始对他心怀好奇，会对他产生兴趣，想去靠近他，了解他，读懂他。真正的爱，一定源于真正的了解。对一个人了解的深度决定了我们爱对方的程度。

我们了解对方的这个过程，看起来好像是我们对另一个人的探索和发现，但在这个过程中，我们也在不知不觉中注入自己的生命和情感，从一个心怀好奇的旁观者渐渐变成一个深情款款的爱慕者。有时候，在这个过程中一个人越了解对方就发现越不喜欢对方，其实这样的关系只是一种模模糊糊的远观的美感，走近了可能就变成了一种伤害。

（3）践行

如果一个人空有爱意，却从来都没有践行，没有爱的实际行动，那也不是真正的爱。比如，一个人经常对我们说“我爱你”，但是对方却从来不愿意与我们同甘共苦，也从来不愿意为我们的爱情而奋斗。当爱情出现挫折时，脑子里经常想的是放弃这段感情。这样的爱情就是空有爱意，没有践行。还有一种情况是，对方经常说“我爱你”，但是对方对我们还保留了很多的秘密，这种不坦诚的爱情也是空有爱意，没有践行的。

上面的情况在生活中很常见，这样的爱情是不会长久的。总之，爱的行动才是爱的证明，没有行动，一切都是空洞。真正的爱情，就是真正为对方着想，真正给对方时间与关怀。

安全小贴士

青春期的女孩心智发育不够成熟，对人和事的认识缺乏稳定性，对异性的态度很可能迅速发生变化，加上身体、心智和经济等方面的条件都不成熟，如果双方现在恋爱则会影响学习、生活和未来的发展。

记住，利用这几招能拒绝男生的纠缠

案例链接

17岁中学生陶某因求爱不成，将汽油泼向16岁女孩身上，并点火将其烧成重伤。被焚烧后，女孩经家属送到安徽医科大学附院重症病房，经七天七夜的抢救治疗才脱离生命危险，但伤势已极为严重，医院诊断，女孩全身烧伤面积达28%、身体多部位出现Ⅱ度和Ⅲ度烧伤、呼吸道烧伤、左耳部分缺失、双手功能受限。

长相好、气质佳的女孩，总是会得到很多男生的追求，但如果对方向自己表白甚至是不断地纠缠，我们对对方又没有好感时，怎样做才能处理好这种无休止的纠缠呢？

如果我们遇到不断纠缠自己的男生，一定要处理好，要充分考虑对方的感受和自尊，否则遇到那些极端、性格怪异的男生就比较危险了。

安全防护

1. 把握好双方之间的关系

很多女孩一开始认识对方时，会对对方很好，这容易给对方一种错觉，误认为彼此相互喜欢。因此，女孩要把握好这层关系，不要给对方太多希望。

如果我们察觉到对方喜欢自己，而自己不喜欢对方，这个时候我们要尽早和对方说明白。不要让对方一直误会下去，这样对彼此都有好处。

2. 表明自己的态度

我们拒绝对方时要彻底，不要扭扭捏捏、犹豫不决。要坚持自己的决定和原则，不要浪费大家的青春。

3. 不接受对方的任何东西

如果追我们的男生不是喜欢的类型，那么一定不要接受他送的东西，就算他说以朋友的方式送，也不要接受。因为一旦接受了，他就会认为女孩对他还有一点的喜欢。

4. 好好劝说对方

面对自己已经拒绝过但依然不放弃的男生时，我们一定要讲明道理，耐心说服，并且要尊重对方的尊严。让对方明白，我们是不会和他在一起的。注意，不要为了摆脱对方就对其挖苦、嘲笑，或在别人面前揭露对方的隐私。

5. 不再联系对方

当我们向对方表明自己的原则和决心后，就不要给对方打电话、发微信了，必要时要果断删掉对方的联系方式或拉黑他。

安全小贴士

如果我们遇到那种不断纠缠、威胁我们的男生，千万不要独自面对对方，我们要尽快找到自己的老师、家长，必要时还可以报警，以免对我们造成人身伤害。

学会从失恋的痛苦中快速走出来

案例链接

案例一：

一名22岁的女孩因男友移情别恋在马路上大哭。一民警上前苦劝："换一个可以吗？6000多万单身男子，选不到一个满意的吗？"女孩在民警20多分钟的劝说后，终于平静了下来。

案例二：

女孩本打算第二年与相恋4年的男友结婚，结果男友突然提出分手。女孩失恋后整日郁郁寡欢，过了一段时间她突然胸闷胸痛，家里人急忙拨打120。经医生诊断，女孩患上了应激性心肌病，俗称"心碎综合征"。

一个人失恋后为什么会难过呢？从恋爱投资学的角度分析，我们很多人都会有这种想法：有投资就应该有回报。结合到恋爱中就是有投资或付出，就希望能收获相应的回报。当然这里所说的投资不单指金钱上的投资，而是在恋爱中的投资，包括情感、精力、时间、金钱等，特别是情感上的投资。

很多时候，失恋后我们难过，不一定是因为我们有多喜欢对方，更不是离不开对方，只不过是我们为之付出了太多。

其实，失恋可以锻炼我们的意志和心理承受力，我们要学会从失恋中走出来，从而使我们变得强大。

安全防护

1. 改变新造型

人是会自我暗示的动物。谎言重复一千遍，我们会误以为真实。人总是选择性地去相信自己喜欢看到的，没有人能绝对客观地活着。失恋的人可以从改变自己的造型开始，用自我暗示法对大脑认知进行催眠，开启生活和学习的新篇章。

2. 列清单

发表于美国《实验心理学》的一项研究认为，对前任的负面评价，能有效减少留恋，尽快从失恋中走出来。也就是说，列举前任的缺点和不足，有助于从失恋的痛苦中走出来。

3. 用食物疗伤

食物不仅能疗愈身体，还能愈合心灵的伤口。人在饥饿的时候，大脑常处于警觉状态；而在饱腹的情况下，通常会感到略微的困倦。因此，吃饱也算是一种情绪上的麻醉剂，饱腹的倦怠感可以暂时麻痹心灵的伤口，让痛显得轻微一些。

那么，我们可以吃些什么食物呢？甜品是失恋后饮食清单上的不二选择，但最好不要摄入咖啡因，它通常会加剧压力和抑郁，还容易引起睡眠问题。

4. 锁住回忆的证据

分手后，我们根本无力招架回忆。如果失恋的人还有回忆的证据（共同拥有的物品和可以还给他的物品），那么不妨把这些东西放在一个大箱子里，然后锁起来，放在床底。属于对方的物品，可以通过邮寄的方式给对方寄过去，保留最后的尊重，同时避免了彼此相见的尴尬。

5. 充实自己

一个生活充实、作息规律且有生活情调的女孩，更容易在失恋时及时调整好自己，因为她们对自己的人生有准确的规划。这些女孩并不是没有失恋后的伤痛，而是少了对失去爱情的惧怕。

安全小贴士

我们可以利用失恋这段时间好好审视一下自己，找找自己究竟哪里出现了问题才如此害怕失去，并且以积极的心态去面对自身存在的缺陷，并尝试着改变它。完善自己，成为更优秀的人，以更美好的自己迎来更美好的他。

“无痛”人流，受伤的是自己的身体

案例链接

18岁的茜茜在男友的陪同下去了一家医院做人流手术，这时茜茜已怀孕一个多月。走进医院，人流手术室前排着一列长长的队，有的女孩是一个人来的，有的女孩是男友陪着来的。这些女孩的年龄看起来大多都还比较小。

不一会儿，医生喊到茜茜的名字。男友先是在手术单上签了字，然后问医生大概多久能出来。医生说15分钟就可以做完手术。茜茜心里充满着恐惧，看了看男友走进了手术室。

15分钟后，手术结束了，茜茜从手术室慢慢地走出来，全身上下透露着虚弱和憔悴。男友见到后急忙搀扶着茜茜。接着，医生喊到下一个女孩的名字……

所谓“无痛人流”，并非完全无痛，只是手术会在麻醉的状态下进行。无痛人流实质上对身体造成的伤害与其他人流方式造成的伤害并无不同。只要是流产，即使是用最先进的方法，找最值得信赖的医院和医生，都会对女孩的身体造成损害。

总之，“无痛人流”不等于无害人流。作为女孩，一定要有这个意识，千万不可把无痛人流看成是一种避孕的手段，一定要保护好自己的身体。

另外，如果事情已经发生，请不要去非正规的医院，而是应选择一些正规可靠的医院去做手术。

安全防护

无痛人流对身体有哪些危害呢?

1. 月经不规律

当子宫进行无痛人流手术后，很有可能影响体内的激素分泌。而激素紊乱将会影响生理周期，从而导致女性的月经延期或者痛经等症状。

2. 妇科炎症

女性生殖器官是一种细菌性环境，正常情况下，宫颈口闭合可防止上行感染。进行刮宫手术，人流器械需要通过生殖器，扩张宫颈，进入宫腔来操作，容易导致子宫感染、子宫内膜炎、盆腔炎等。部分女性在经过无痛人流后，会有腰酸、腰痛等症状。

3. 子宫内膜受损

对于女性来说，如果进行多次的无痛人流手术，就会使子宫内膜变得很薄，这很可能会影响以后的生育能力。因为子宫内膜薄到一定程度的时候，受精卵就很难成功着床，从而很容易导致女性无法怀孕。

以上主要介绍了无痛人流对身体的三种危害，当然，还有许多其他危害还没列举出来。总之，无痛人流对身体的危害是极其大的，我们一定要好好爱护自己的身体。

最后，我们也要了解一点，药流对身体和心理也有很大的伤害。下列是有关药流的几个认识误区：

（1）药流没什么痛苦。药流一点儿都不轻松，最起码会有腹痛。伴随腹痛，有部分人会出现恶心、呕吐的情况，还有少数人会出现头晕、乏力、畏寒、发热、手脚发麻、腹泻等情况。

（2）药流不用做手术。理论上是正确的，但只有个别情况是需要做手术的。比如，患者药流后阴道出血量较少，一周后去医院做检查，如果发现胚胎不仅没有停止发育反而还在继续发育，那么就要及时清宫，进行人流手术。

安全小贴士

作为女孩，我们也许为了一时的欢愉而选择放纵，但是，放纵后给我们带来的伤害是多方面的。无痛人流不仅会伤害我们的身体，还会伤害我们的心理，给我们以后的生活和学习带来沉重而深远的影响。

安全知识扩展 女孩需要了解一些避孕知识

2017年，世界避孕日主题宣传活动在北京举行，国务院妇女儿童工作委员会办公室副主任提到：中国的人流手术数量每年超过1300万人次，位居世界第一。其中，25岁以下的女性占一半以上，低龄人群增多，并且有超过50%的女性是反复流产。这项数据在不断攀升的原因是：初次性行为的发生时间越来越早，青少年的性观念越来越开放，但他们却不具有相匹配的生理卫生知识储备。

因此，家庭和学校对孩子进行性教育是非常重要的。除了男孩要有一定的责任外，对于女孩来说，规避风险最好的办法就是要洁身自好，懂得如何保护自己。当然，我们也需要多了解一下有关避孕方面的知识。可靠避孕的方式有很多，主要有以下几方面。

1. 避孕套避孕

避孕套，又称安全套、保险套。它是以非药物形式去阻止受孕的简单方式之一，也有防止淋病、艾滋病等性传播疾病的作用。避孕套和其他避孕方法相比，没有副作用。

2. 避孕药

根据药物的作用来分，避孕药可以分为长效避孕药、短效避孕药和紧急避孕药。这三者无论在用法上还是功能上都有着明显的差别。

长效避孕药剂量大，引发的不良反应也较大，且服用后不能立即停药，停药后也不能较快怀孕，因此不建议未生育的女性服用长效避孕药。

短效避孕药具有剂量小、代谢快、不良反应少等优势。短效避孕药有去氧孕烯炔雌醇片、炔雌醇环丙孕酮片、屈罗酮炔雌醇片等。服用时一定要在医生的指导下使用。

紧急避孕药的主要成分是左炔诺孕酮，其原理就是大幅度提升女性体内的孕激素，从而起到抑制女性排卵，使女性子宫颈分泌物变得黏稠，从而阻止精子通过，阻止卵子受精，达到避孕效果。从名字上就可以看出来，紧急避孕药是短时间内应急使用的，不能多次服用，一年使用次数不超过3次。

3. 皮下埋植避孕

皮下埋植避孕（皮埋）已在28个国家推行。当然，皮埋在国内也有推广，但始终不是主流的避孕方式。

皮下埋植避孕是将一定剂量的孕激素放在硅胶囊管中，然后将此管埋藏于皮下，使其缓慢地释放少量的孕激素，从而起到避孕作用。胶囊管埋入皮下组织后，立即开始缓慢地释放避孕药，24小时后即可起到避孕作用，有效避孕时间为3~5年。

第一次进行皮埋的女性，最初可能会觉得植入的地方有点痛，还有一些人可能会发生感染。一旦发生感染，应前往医院清洁感染部位，视具体情况搭配使用抗生素。皮埋会有一些副作用，如头疼、胸胀等，这些症状通常几个月后会自行消失。假如出现剧烈头痛，应及时就诊。另外，进行皮埋后，月经的表现可能会发生改变。

4. 宫内节育器

宫内节育器俗称避孕环。从其字面上就可以了解这个小东西是放在宫腔里的可以用来避孕的工具。宫内节育器主要适用于已婚育龄女性，尤其是已经生育或无生育需求的女性。那么，宫内节育器是如何发挥其避孕作用的呢？

首先，宫内节育器对人体而言是一个异物，当它被放入宫腔后，自然会产生异物刺激，进而引起炎症（这是一种比较温和的非细菌性炎症），并借炎症来改变宫内环境，阻止受精卵进行着床，阻止受精卵生长。而且，炎症会导致身体内聚集大量的炎症细胞如白细胞、巨噬细胞等，这些细胞可以在精子和卵子形成受精卵之前就开始损伤精子，并且有的宫内节育器是用铜制成的，释放的铜离子可以有效改变子宫内膜及宫腔液的环境，同样会抑制精子的游走和功能。

其次，宫内节育器可以刺激子宫内膜产生前列腺素，引起宫腔和输卵管异常收缩，并增强雌性激素的作用，使宫腔内环境不利于受精卵的着床。

节育器通常是以塑料、不锈钢、硅橡胶等材料制成，不带药的节育器称惰性宫内节育器，如宫内节育器加上孕激素或铜，可提高避孕效果，称之为带药或活性宫内节育器，是我国普遍使用的节育器种类之一。

5. 输卵管结扎

输卵管结扎术是把双侧输卵管结扎，阻断卵子通往子宫的通道，以达到女性永久性绝育目的的手术。适用于期望永久性绝育且无手术禁忌症的成年女性。

目前选择结扎输卵管的女性比较少。这个手术也可能会有一些术后并发症，比如出血、感染、粘连、盆腔炎、腹膜炎，乃至更加严重的感染及严重并发症等。

第五章
网络世界套路多，不做
被宰的“羔羊”
随时随地发朋友圈，当心坏人找上门
远离“校园贷”，别用你的青春来还债
远离网络游戏，不被它诱惑
请不要轻易与网友见面
警惕兼职诱惑，避免上当受骗
安全知识扩展 常见的网络安全问题

随时随地发朋友圈，当心坏人找上门

案例链接

郭晓是一位自拍达人，平时她很喜欢把自己的照片分享到朋友圈。可是，这却让她吃了大亏。

一次，郭晓发了一条朋友圈，写道："票都买好了，坐等回家了。"并附上了一张火车票的照片。几天后，郭晓突然接到一个自称是铁路售票点打来的电话，说是郭晓的身份验证出现了问题，需重新验证。

此外，这个自称是售票点的人还向郭晓索要了身份证号、手机号。听到自己的票出现了问题，郭晓很着急，就按照对方说的步骤一一进行操作。当郭晓的手机接收到验证码时，对方要求提供给他，可没想到的是郭晓刚把验证码告诉对方时，电话就立马挂断，之后再也打不通了。接着，郭晓网银里的2000元分两次被转走。意识到被骗的她赶紧打电话报了警。

在这个案例中，郭晓在朋友圈晒出的火车票照片中，个人身份信息、二维码清晰可见，这很容易让不法分子获取个人的身份信息，给我们的财产安全造成损失，甚至危害人身安全。

那么，女儿，玩手机、晒朋友圈究竟有哪些需要我们注意的安全事项呢？

安全防护

1. 不晒身份信息

在不少女孩的眼中，朋友圈里晒一晒回家的火车票、飞机票的照片是一件再正常不过的事情。但这些照片中的个人身份信息（姓名、学校、出生日期、身份证号等）很可能成为不法分子的利器，不仅会造成财物损失，甚至还会威胁到个人及家人的人身安全。

另外，火车票或飞机票上的条形码都含有个人姓名、身份证号等信息，不法分子借助特殊软件，就能轻易读取。因此，当我们晒照片时，一定要注意把重要信息遮盖起来。

2. 不晒家里的钥匙

一张钥匙照片就能配出一把一样的钥匙，这样的案例确实发生过。2016年，王某捡到同事宋某丢失的一串家门钥匙，想进入宋某家偷东西，但担心一大串钥匙被人发现，他便想单独配一把钥匙。于是，王某拍了钥匙的照片发给网店，之后收到配好的钥匙，两次进入宋某家实施盗窃。

因此，我们平时一定要保管好自己家的钥匙，千万不要轻易拍照，将钥匙透露出去或让别人拍了自己家钥匙的照片，不给那些居心不良的人可乘之机。

3. 不晒定位信息

在微博微信发动态时，许多人并没有意识到可能正在泄露自己当前的位置信息。它相当于告诉那些潜在的小偷，你这个时候也许不在家，这就大大增加了坏人行窃的动机。

4. 不晒贵重物品

现在许多人都好面子，如果自己的家庭条件还不错，就希望获得朋友们的羡慕，喜欢在朋友圈晒一些贵重物品。这样会满足晒照人的虚荣心，但同时也会给自己带来危险。比如，可能会遭人嫉妒，甚至还会被不安好心的人盯上。

5. 不晒家庭住址

家庭住址是最秘密的个人隐私之一，一旦泄露给别有用心的人，会带来很多不必要的麻烦。同时，也不要晒有明显暴露家庭住址的建筑物、风景等。曾经就有人在微博上晒出两张窗外的风景，结果被别有用心的人根据这两张图片，又结合微博其他信息，只用了40分钟便成功定位出这个人的小区、楼号和门牌号。

安全小贴士

女儿，微信朋友圈晒照片时一定要谨慎，该做模糊处理的一定要模糊处理或通过设置分组来分享照片。此外，微信中“附近的人”这个功能最好设置成“清空并停用”，否则附近的人有可能会通过这个功能看到我们的照片等信息。

远离“校园贷”，别用你的青春来还债

案例链接

看着同学们一个个拿着酷炫的手机，19岁的张丽心里盘算着换部新手机“过新年”，但是她没有足够多的钱。一天，在朋友的介绍下，张丽联系上了一名从事“校园贷”的在校大学生。这名大学生经常出现在各个校园活跃的QQ群里，张丽并不知道对方的真实姓名，只是听说这个人负责高校的学生贷款。

开始张丽打算借3000元，可实际并没有那么简单。上门费、中介费等额外费用总计3000元，这些都要算在本金里。算了一下，每周她要还420元利息，本金和利息都必须在1个月内偿还。

张丽虽担心对方“使诈”，但在新手机的诱惑，以及贷款人的“软磨硬泡”下，她最终签下3.5万元的欠条，并拍摄了手持身份证的照片。当场，她拿到了3000元现金。第二天，一部2500多元的手机如愿到手。

没过去几天，第一次还利息的时间到了，但张丽之前借的钱以及生活费所剩无几。无奈之下，她再次找到那个贷款人，想再借1500元解“燃眉之急”。很快，那个贷款人转账给张丽，但要求让她拍裸照。在对方的各种威胁下，张丽照做了。

之后，张丽一共3次支付利息，总计1260元。之后，张丽接到那个贷款人的电话，说张丽违约了，必须立刻还1.1万元，否则就要带人到她家里要3.5万元。在电话中，张丽一直追问违约原因，对方不解释便挂断了电话。由于害怕裸照泄露，张丽把这件事立即告诉了父母，并向公安局报了警。

高档手机、名牌包包、网红口红、时尚潮服，听到这些，很多女孩都无法抗拒。在没有足够多钱的情况下，不少女孩就想到了贷款，却不知自己已经踏入了危险的陷阱——“校园贷”。2017年9月6日，教育部明确要求“取缔校园贷款业务，任何网络贷款机构都不允许向在校大学生发放贷款”。

“校园贷”，主要是指被害人仅需向非法借贷平台或借贷人提供学生证、身份证，同时提供家属电话或常用联系人，即可借到几千乃至上万元的现金，已成为校园内一种借贷手续简单、借贷门槛低、贷款金额较大的借款途径。

“校园贷”与“套路贷”往往关联甚密。“校园贷”被害人再次需要借贷时，不法分子便通过签订虚高的借款合同来赚取高额逾期费，再倒逼借款的被害人向该团伙成员借贷“平账”，形成“套路贷”，最后利用虚假合同向被害人及其家属追讨欠款。

许多女孩社会经验不足、防范意识差，很容易成为“校园贷”“套路贷”的侵害对象。一旦借了“套路贷”，她们就掉入了“还不清”的陷阱，只能按照犯罪分子的要求，借东补西，以贷还贷，债务越垒越高。

那么，我们如何防范陷入“校园贷”“套路贷”的陷阱呢？

安全防护

1. 树立科学消费观

我们要树立科学的消费观，不虚荣、不攀比、不炫耀，养成自强自立、艰苦朴素的生活习惯，合理安排生活支出，做到勤俭节约、理性消费。

2. 不轻易相信各类贷款广告

不要轻易相信校园里的各类贷款小广告，做到不被点滴利益和虚假承诺诱惑。平时要多学习一些金融常识，增强防范意识，提高对网贷的甄别与抵制能力。当我们的合法权益受到威胁时，要及时向学校和家人反映，学会用法律的武器保护自己。

3. 严密保管个人信息及证件

我们要提高自我保护意识，不将身份证、学生证、银行卡借给别人，同时保护好个人及家庭的信息以防外泄。否则，一旦被心怀不轨者利用，就会造成个人声誉、利益损失，甚至有可能摊上官司；个人不良借贷信息还有可能录入征信体系，影响自己的征信。

4. 贷款一定要到正规平台

如果我们想贷款，一定要选择正规的平台。下面我们来了解一下正规贷款与不良校园贷的主要区别。如下表所示。

区别	正规贷款	不良校园贷
放贷主体	各大商业银行	网贷平台
门槛高低	需要抵押物、查询征信报告、提供收入证明等申请流程	往往只需要身份证、学生证和联系电话
审查程度	严格的审查程序和审查周期	审查松散且放贷极快
用途	必须阐明用途，并非任何情况均可借贷	无论什么消费理由都能通过审查，顺利贷款
利息	利息严格按照国家规定执行	利息远远高于同期银行贷款，并且收取手续费等

安全小贴士

我们一定要远离各种不良校园贷，如高利贷、多头贷（指因从多个校园贷平台进行贷款，形成一种“以贷还债”式的贷款形式）、传销贷、刷单贷、美容贷、裸条贷（指不法债主通过要挟借贷者以裸照或不雅视频作为贷款抵押证据的行为）等，才能更好地保护自己和家人不受伤害。

远离网络游戏，不被它诱惑

案例链接

17岁的娟娟是某学校的高一学生。在某一段时间内，父母发现娟娟一回家就抱着手机玩游戏，有时还会玩到凌晨1点。因为担心娟娟玩手机会影响她的视力和学习成绩，父母生气时总会说娟娟几句。

有一次，妈妈把娟娟的手机给没收了，娟娟就借了同学的手机玩。得知手机是借的，妈妈便趁娟娟不在时拿走了手机。这次，娟娟发现后又哭又闹，甚至用头撞击墙壁。娟娟的奶奶和爸爸劝了半天，说了一些宽慰她的话，总算不闹了。

几天之后，在学校的期末考试中，娟娟的学习成绩排名一下从之前的第20名，降到了第53名。

近年来，一些网络游戏存在渲染暴力、传播不良价值观等问题，还有一些网络游戏存在片面追求经济效益、设置消费陷阱吸引未成年人购买装备等现象。这使一些未成年人因过于沉迷网络游戏而损害身心健康。

2018年6月，世界卫生组织发布的第十一版《国际疾病分类》中，加入“游戏障碍”（又称“游戏成瘾”），将其列为精神疾病。世界卫生组织表示，游戏成瘾的症状包括无法控制地打电玩（频率、强度、打电玩的长度都要纳入考量），经常将电玩置于其他生活兴趣之前，即使有负面后果也持续或增加打电玩的时间。

那么，我们要如何做，才能避免沉迷于网络游戏中呢？

安全防护

1. 培养健康的生活方式

我们应树立“健康第一”的生活理念，养成良好的习惯，培养健康的生活方式，不因玩网络游戏等娱乐活动而晚睡、熬夜、减少运动，做健康、有活力的女孩。

2. 认清网络游戏上瘾的危害

如果我们对网络游戏过于沉迷，就容易出现情绪失落、记忆力减退、没有食欲等症状，也会使我们的性格变得内向和孤僻，容易做出一些极端和不理智的事情。现实生活中，已有不少女孩因网络游戏上瘾而引发了社会问题。

3. 对付网络游戏上瘾有方法

如果我们对网络游戏已经上瘾了，可采用这些方法克服：一是真正从内心深处认识到网络游戏上瘾的危害，并下决心战胜它；二是如果不能下最大决心戒除网络游戏的瘾，可以请父母或同学监督自己；三是用“逐步脱敏”的方法戒除网络游戏的瘾，这是借助有关心理学的手段，就是不要逼自己一次回到正常状态，而是分阶段来进行，由此逐渐戒除对网络游戏的瘾。

安全小贴士

女儿，游戏是把双刃剑，合理使用可以娱乐、放松，但过度沉溺会影响我们的身心健康。《关于防止未成年人沉迷网络游戏的通知》中提出从多个方面防止未成年人沉迷网游，其中包括实行网络游戏账号实名注册制度，严格控制未成年人使用网络游戏时段时长等。

请不要轻易与网友见面

案例链接

一名女孩小蔡与李某通过交友软件相识。一天，李某在微信上约小蔡到某景区拍照，小蔡很快答应了。在拍照的过程中，小蔡的手机没电了。李某告诉她说，自己的表弟就在附近，可以借用他的充电宝充电。

小蔡在原地等了一个小时，也没等来李某，便到景区外一家超市，借用别人的手机登录了自己的QQ，与李某联系。但李某说：“突然有事，现在回不去，最晚3点归还手机。”晚上，小蔡返回到朋友家，用朋友的手机登录微信时发现微信钱包里的1000元钱转到了李某账户中。她赶紧联系李某，但对方早已将她拉入黑名单。恍然大悟的小蔡才意识到自己被李某骗了，于是赶紧报案了。

案例中的小蔡缺乏自我保护意识，轻信了网友的话，被骗走了一部手机和1000元。在生活中，像这样的女孩还有不少，她们会轻易答应与网友见面，结果被骗财骗色，使自己受到了伤害。

在网络世界里，我们永远都不知道，屏幕对面的那个人心里到底在盘算什么，网络世界错综复杂，给我们带来便利的同时，也蕴含着不少危机。因此，对于网络上的陌生人，我们应时刻保持清醒的头脑，不要被不安好心的网友迷惑。

安全防护

1. 不要随便添加好友

10岁的小女孩通过QQ添加了陌生“同龄”好友，结果懵懂中看了不雅视频后，竟连续数日被胁迫拍摄不雅视频，最后警方调查时才发现，所谓“同龄”网友竟是40岁男子。因此，女儿，在各种网络交友平台中，我们要提高自己的安全意识，不要随便添加好友。

2. 不轻易答应与网友见面

女儿，我们一定不要轻易相信网友的话，更不能仓促做出与网友见面的决定。要知道在现实中，有的网友经常冒充“高富帅”，头像看起来帅气俊朗，也许对方是个老头或是老色狼；有的网友说自己是大学生、硕士或博士的人，说不定连初中都没毕业；还有的网友说自己18岁，说不定都已经40岁了……

有时，虚拟的网络世界让女孩无法辨别网络背后的陌生人到底是什么样的。一旦女孩被对方的花言巧语所迷惑，那么在没有深入了解对方的情况下就选择见面是非常危险的。

3. 一定要见网友时，要征得父母同意

女儿，我们不要在各种交友工具上，过分地信任素未谋面的“好友”，更不要在不安全的时间和地点与网友约定见面。如果非要见面，我们必须征得父母的同意，并在父母的陪同下一起前往。另外，与网友见面时不要轻易喝对方提供的饮料，倘若对方在饮料里放了什么东西，那我们的处境就会非常危险。

安全小贴士

如非要见面，见面地点不要约在酒吧等不安全的地方，以防酒托趁机骗取钱财，并且报警后也难以取证。因此，我们在与陌生人见面时，一要提高警惕；二要尽量保存证据，如遇危险赶紧拨打110报警，以便公安机关快速赶到，依法处理。

警惕兼职诱惑，避免上当受骗

案例链接

梅梅收到一条短信，对方称加个QQ，告诉她一个赚大钱的“门路”——网上刷单。梅梅正愁没兼职做，便很快加了对方为好友，对方回复说：“一次做10单，佣金6%，一次做20单，佣金8%。足不出户，网上刷单月入过万。”对方还表示，交易成功后，刷单购买的钱就会退回来。

抱着试试看的心态，梅梅第一次下了一笔价格为100块的订单。没过十分钟，梅梅赚到了5块钱。尝到甜头后，梅梅决定刷10单，随后她按照流程刷单，转给对方1000元。在梅梅一次次等待返本金和佣金时，对方却说：“这是双重任务，要再刷10单才可以。”

就这样，梅梅按照对方所说的“指示”做，又投入了1000元做任务。但任务完成后，对方还以各种理由继续要求梅梅做任务，如“任务不够，不给本金”“系统暂时不能操作”等。梅梅发现不对劲，赶紧向公安局报了案。

由于我们的网络安全意识比较薄弱，因此上述案例在实际生活中常常发生。如今网络发展迅速，网络影响着我们每一个人的学习和生活方式。为了能够赚到一些生活费，替家人分担压力，越来越多的女孩开始从网上找兼职工作，但在其背后很有可能潜藏着网络诈骗的风险。

网络刷单的套路通常是：

第一步：设置“轻松”“高薪”做诱饵。

第二步：提供所谓的公司备案信息，骗取我们的信任。

第三步：施以小利，迅速返还本金和佣金。

第四步：实施诈骗。在很多女孩看来，网络刷单看起来是一份轻松赚钱的兼职，但当陌生人找我们代付刷单“兼职”并承诺支付服务费时，千万不要相信对方，以免上当受骗。

那么，在找兼职工作时，我们还需要警惕哪些陷阱呢？

安全防护

1. 黑中介骗取中介费

一些中介公司往往以介绍学生从事暑期工为由，收取中介费，为学生提供虚假的信息；让有心兼职的学生三番两次碰壁；对要求退款的学生，他们要么继续介绍下去，要么只肯退三到四成的费用，更有甚者收钱后，干脆人间蒸发。因此，女儿，当我们遇到让我们交中介费的公司时，可以先看看该职介中心是否有《职业介绍许可证》和工商部门颁发的营业执照。

另外，对中介机构提出的“为外地企业或总公司××分公司招聘”消息，我们要保持清醒和高度警惕，不要轻信。

2. 用人单位要求交押金的陷阱

有些用人单位要求我们支付押金，称以此“保证”我们按要求上班，并承诺在打工结束后归还押金。但很多时候结算工资时，保证金却不见踪影了。

因此，女儿，当我们遇到这类用人单位时，应拒交各种押金或保证金，以确保我们的合法权益不受侵害。并且，我们要知道任何用人单位以任何名义向求职者收取押金、风险金、报名费等行为，都属于非法行为。

3. 乱收培训费

在我们面试成功后，一些骗子公司会要求我们参加上岗培训、考试，进而向我们收取培训费。之后会进行一些培训，发培训资料或光盘等，但考试时却发现培训内容与考试内容毫无关系。有的甚至根本不培训，收钱后就找不着人了。

我们要知道，正规公司岗前培训，都是免费或带薪的，《劳动合同法》对企业培训、培训费及服务期都是有所规定的。

安全小贴士

在电商行业中，有两种情况的“刷单”现象：一是商家为提升商品或网店排名，雇人虚拟或实际下单，以提高商品销量的造假行为；二是骗子以刷单兼职为由，引诱受害人协助刷单并支付一定报酬，从而伺机行骗。

安全知识扩展 常见的网络安全问题

在使用网络的过程中，常见的网络安全问题主要有以下几种。

1. 病毒侵袭、木马植入和黑客攻击

计算机病毒和医学中的病毒一样，有独特的复制能力，它具有传染性，可以主动攻击用户的电脑。

木马是一种特殊的病毒，一般没有主动攻击性，潜伏在一些被下载后的文件或附件中，当该文件被启动时就会触发木马病毒。它可以作为一种基于远程控制的黑客工具，植入电脑后可以为黑客打开后门，使黑客更易于袭击电脑。

网络中不设防或防备较弱的用户，很有可能被黑客控制，成为攻击他人的工具。这些安全意识弱的用户的个人信息、重要数据资料和文件等很容易被毁坏、篡改或窃取。

2. 安全工具使用不当

网络安全工具是在上网时保护计算机的重要工具之一。但是在实际使用的过程中，不少人并不知道如何恰当地使用它们，甚至有一部分人从来就没有使用过网络安全工具。在这种情况下，这部分人相当于没有带任何“安全装备”在互联网上“冲浪”，这就很容易被计算机病毒、黑客、木马等攻击伤害。

有一部分人虽然安装了网络安全软件，但由于对防护软件的设置不了解，使计算机运行异常缓慢。另外，还有的人虽然采取了防范措施，但并没有对防范工具、软件进行日常维护和升级，因此就导致有网络安全危害时不能及时进行有效补救。

3. 软件、服务器等遭破坏

一些人在使用软件和服务器时，经常毫无规范可言。比如，误删系统文件、非法移动等，造成系统某个文件功能消失或不能正常运行，致使整个系统很不稳定，随时面临崩溃的危险。

4. 网络不良文化冲击

网上一些迷信、色情、暴力和其他有害信息的传播，对青少年时期女孩的身心健康造成了很大的危害。网络中的语言庸俗化和混乱化，贴吧或论坛里相互谩骂、攻击成风等消极文化现象非常普遍。而这时期的女孩缺乏网络安全意识，对这些不良文化毫无抵抗力。另外，相关部门对网络监管的不力也使网络道德遇到了一定的挑战。因此，我们应规范自身的网络行为，加强安全意识，让不文明信息没有传播对象。

以上网络安全问题，我们在上网过程中或多或少都会遇到，我们可以通过这几种方法来减少在网上受到的攻击和危害：第一，一定要安装杀毒软件、个人防火墙等安全设备，以防止个人信息被人窃取；第二，不下载不信任的软件、程序或视频，及时更新软件版本，及时检修补差漏洞并安装软件的官方补丁；第三，采用匿名方式浏览网站，不浏览不安全、不了解的网站；第四，经常更换密码，使用包含数字和大小写字母等的多位数密码，可有效干扰黑客利用软件程序来搜索密码；第五，将重要的资料、文件进行备份，以防丢失或损坏后造成损失或不便。

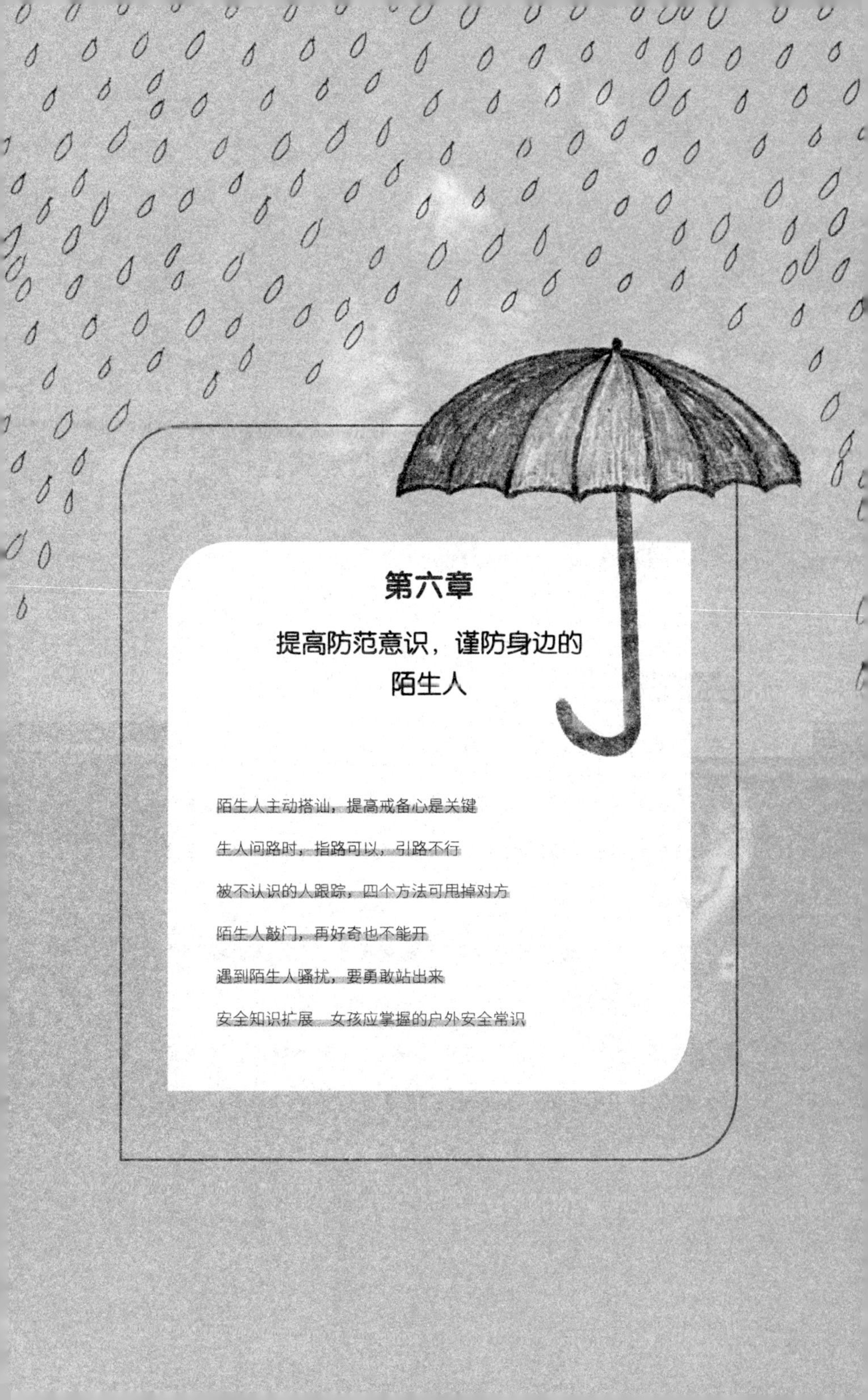

第六章

提高防范意识，谨防身边的陌生人

陌生人主动搭讪，提高戒备心是关键

案例链接

案例一：

一天晚上，19岁的萱萱在路边等出租车，她身旁站着一个同样打出租车的男子。因为太晚，很难打到出租车，萱萱就拿着手机玩起了游戏。

不一会儿，那个男子主动上前问萱萱：“美女，在哪个学校上学呢？你要打车到哪里？”萱萱一边玩游戏，一边很自然地回答道：“我要到新华大街。”男子又说道：“那太巧了，我也到新华大街，那等会儿咱们打一辆车吧。”萱萱想到了妈妈平时教导自己要注意安全，于是说：“哦，我刚才说错了，我不到那个地方。”

说着说着，终于来了一辆出租车，萱萱赶紧招手拦下来，快速关上车门，坐车走了。

案例二：

20岁的何某每天上下班都是乘坐公交车。一天，她下班后和往常一样坐公交车回家。当公交车到黄石桥车站时，男子邵某上车后坐在何某的旁边，并主动搭讪："美女，我们真有缘分，在车上遇到三次了吧？"何某回答说："好像是两次吧。"随后，邵某向何某借手机听歌，何某也答应了。

不一会儿，何某到站了，男子邵某也跟着一起下车。邵某还邀请何某一起去朋友的生日会上玩，何某拒绝。邵某还开玩笑说，不去就不给手机。于是，何某决定跟邵某去生日会，但两人之后并没去什么生日会，而是一起逛街、吃饭。邵某还向何某表白，并以不还手机为由，要求何某与其去宾馆。后来，何某又被骗到邵某家中被非法拘禁半个月。

在何某被非法拘禁的半个月中，她尝试了各种方法逃跑，最后终于报警并被救了出来。

面对陌生人的主动搭讪，有的女孩戒备心比较强，有的女孩却没有戒备心，会和盘托出关于自己和家人的信息，甚至会跟着陌生人走，其实这样做对自己非常危险。虽然不是所有的陌生人都是坏人，但作为女孩有基本的戒备心是必需的。

显然，案例二中的女孩很缺乏防范意识，对于陌生人邵某提出的不当要求一再退让，更不应该去邵某的家里。总之，女儿，我们在一些场合中一定要防范陌生人的主动搭讪，不给对方伤害自己的任何机会。

安全防护

不管对方出于什么目的，我们都要提高警惕，才可以更好地保护自己不受伤害。如果陌生人主动搭讪是因为借用手机、问时间、问路，或有其他事情需要我们帮助，最好是委婉拒绝，说完要转身离开，不要给对方接近自己的机会。

女儿，有的陌生人会把自己伪装成可怜的人来向我们搭讪，博取我们的同情心。比如，钱包或手机被人偷了。这个时候，不要同情心泛滥，如果对方真遇到了困难，应该求助于警察，而不是找弱小的我们。

女儿，面对不愿意搭理的陌生人，我们可以借用身边的装备来表示拒绝。比如，可以戴上耳机假装没听见，这样的方法对拒绝陌生人很有效。

现在骗子的手段很高明，他们可能会找各种借口接近我们，然后用致人昏迷的药物来迷昏我们。所以，女儿，遇到陌生人的搭讪，一定要和陌生人保持一定的距离，不要让对方靠近自己。

安全小贴士

即使陌生人能叫出我们的名字，说认识我们的父母，我们也不能放松戒备心。因为他们完全可以通过各种手段去获取一个家庭的各种信息，所以我们要提高警惕，要坚决拒绝这类陌生人的任何要求。

生人问路时，指路可以，引路不行

案例链接

一个10岁的女孩在亲戚家吃过午饭后独自回家。当女孩走到敬老院附近时，遇到一名骑着三轮摩托车的陌生男子。陌生男子停下车，向女孩问路，善良的女孩热情地告诉他："只要顺着这条路一直骑下去就到了。"

陌生男子继续问女孩是不是一个人，得知女孩独自一人后，更是动了邪念，要求女孩亲自带他去。而女孩没有一丝防备和怀疑，就上了陌生人的摩托车。上车后，男子见四周没有人，便将女孩带到一处偏僻地并对她进行了侵害。

事后，男子让女孩待在原地不准动，过了一会儿，女孩见男子走了，才哭着跑回了家。女孩把事情告诉了家人，家人立即报案。警方经过三个小时的侦查，终于抓住了这名陌生男子。

我们从小就被教导，要热情帮助别人，但一定要知道如何帮。当陌生人请求引路时，大部分缺乏安全意识的女孩会欣然答应，但这背后却隐藏着较大的安全隐患。如果真的遇到像案例中的坏人，恐怕女孩身心受到的伤害永远也没有办法弥补。

作为女孩，我们要时刻注意自己的人身安全，把自己的安全放在第一位。遇到陌生人问路时，我们应该如何保护自己呢？

安全防护

1. 问路可以，引路不行

女儿，如果对方只是问路，我们可以给陌生人指路，但一定不要引路，即使是我们非常熟悉的地方，即使这个地方不远。我们可以把引路的任务交给警察："我帮你叫警察。"

2. 注意与陌生人保持距离

女儿，在给陌生人指路时，注意与对方保持距离，然后用最简洁的话把路线告诉对方。如果对方依然表示不清楚，我们可以让对方找别人。

3. 不要告诉陌生人个人信息

女儿，如果我们给对方指完路，对方问我们一些与问路不相关的问题，如自己的名字、住处或家庭成员等，那要立刻警惕起来，坚决不告诉对方自己的任何信息。

4. 在偏僻地方时拒绝指路

女儿，如果在偏僻的地方遇到陌生人问路，我们可以直接拒绝对方：“不好意思，我也不知道。”然后转身离开，避免居心叵测的人纠缠我们。

安全小贴士

一些女孩可能会想，有的人看起来不像坏人，长得也很面善，偶尔引路是没有安全问题的。可在已发生过的案例中，有许多表面看起来非常慈祥、和善、可怜的人，其内心却是很坏的。因此，为了不让自己受到伤害，女孩一定要谨记：不管是什么人，都不要给对方引路，更不要送其回家。

被不认识的人跟踪，四个方法可甩掉对方

案例链接

在放学的路上，12岁的静静背着书包正往家走，开始她并没有发现不远处有个男子正跟着她。当静静走到一栋楼里时，男子也刚好停在了楼门外。之后，趁静静在等电梯时，男子突然把她拽到旁边通往地下车库的小门里。

静静害怕极了，连声喊“救命”。男子忙用手捂住了她的嘴。静静在奋力抵抗的同时，将自己的书包扔向楼道，这时刚好被一名下班的邻居发现。男子仓皇逃脱，静静这才得救。

女儿，当我们发现身后的人行为可疑，无法确定他是否在跟踪自己时，我们可以采取以下办法确定是否被跟踪了：

（1）当我们转身注意他时，他会不自然地回避我们。

（2）当我们继续前行时，他也跟着前行。

（3）我们走过马路对面，他跟着过去。

（4）我们再回到马路这边时，他仍然跟着。

如果可疑的人出现以上一两种情况，说明我们真的被跟踪了，这个时候就得赶快采取措施，甩掉对方。

安全防护

1. 向光线充足、人多的路线走

女儿，一旦确定自己被跟踪后，不要惊慌失措，要镇定，并往有光亮或人多的地方走，如便利店、咖啡馆等，尽量找有摄像头的地方。如果我们知道附近有警察局或消防队，这些地方就是最好的选择。

2. 立马打电话求助

当我们发现有人跟踪自己后，要找到一个相对安全的地方，给警察、家人或朋友打电话，告知自己的危险情况、地址，让他们来接自己。

3. 一个犀利的转身

如果陌生人一直跟踪我们，我们可以回头观察跟踪者三秒。犯罪心理专家指出，三秒的目光对视可以让跟踪者了解到他已经被我们发现，犯罪分子中的绝大多数会因此打退堂鼓，同时三秒的时间又不足以激怒跟踪者。

4. 及时大声呼救

女儿，注意不要被跟踪者追到小巷子里或死胡同里，万一遇到这样的情况赶紧按别人家门铃，或大声喊“着火了”，引来人们的注意，吓跑跟踪者。你也可以用手或其他物品拍打周边停放的车辆，触响警报器，从而引起他人的注意。

安全小贴士

如果跟踪者从后面抱住我们，我们一定要掌握逃脱的方法。第一种是被人用胳膊扼住了喉咙，我们可以用脚狠踩他的脚背。第二种是有人用手指在后面掐住了我们，我们可以抓住对方的任何一根手指，猛地向后拗，将其手从头侧甩开。注意平时要和朋友多练习这两种方法。

陌生人敲门，再好奇也不能开

案例链接

10岁萌萌的爸爸在外地工作，妈妈工作又很忙，所以萌萌经常一个人在家。或许是环境使然，萌萌比同龄的孩子要成熟、冷静，这让妈妈很欣慰，从未担心过萌萌会出事。

一天，萌萌一个人在家写作业，这时传来门铃声。一个陌生男子说：“是你爸爸让我带点东西给你，你给我开个门吧。”萌萌说：“那你过去把走廊里的灯打开，让我看看你是谁？”陌生男子又问道：“那你妈妈在家吗？”萌萌回答说：“不在。”

说话间，机智的萌萌通过门上的猫眼观望，可门外一片黑乎乎，什么也看不到。萌萌又把耳朵贴在门上，什么声音也没听到。过了五分钟后，想着陌生男子已经走了，好奇的萌萌慢慢打开门，想透过门缝看看外面。结果，那个男子突然伸出一只大手，一把将萌萌推进家里，用布猛地蒙住了萌萌的头，拿了些贵重物品便逃之夭夭了。

在案例的开头，萌萌处理得比较好，即使陌生人谎称是爸爸的朋友，萌萌也没有主动开门。但后来，萌萌因为好奇，打开了门，才给了坏人机会。

近年来，陌生人敲门试探后，骗独自在家的女孩开门，再入室盗窃或抢劫的案例并不少见。这类案件中，不法分子惯用的手段就是以送东西、检查煤气管道等为名骗女孩开门。

因此，当女孩独自一人在家的时候，一定要谨慎，不论如何也不要开门，即使认为陌生人走了，也不要开门，因为坏人很有可能还在门外等着我们开门后突击抢劫。

安全防护

女儿，遇到以下情况，要谨慎开门。

1. 送快递、送外卖的

网购时只留小区的地址，不留门牌号；留有地址、联系方式的快递单不要随意丢弃；如果是网购时的卖家，可以让对方报出你的电话号码和购买的具体物品。

2. 家里突然停水、停电

通常电箱装在门外，遭遇停电后，一般我们的第一反应是出门查看。如果这时有人敲门，自称物业电工，更容易被骗开门。遇到这种情况，不要急于开门，先从窗户查看其他楼是否也停电；如果一个人在家，可打电话给大人或物业，不要轻易出门查看。

3. 更换燃气、水管、电路设备

遇到更换燃气、水管、电路设备时，要先通过猫眼查看相关证件，然后联系物业，看是否派出维修人员。如果一个人在家，最好不要开门，让其下次再来；遇到可疑情况，应立即报警。

4. 自称是父母的朋友、同事或亲戚

即使陌生人说出爸爸妈妈的名字或其他信息，也不能轻信对方，坚决不能开门。要知道，陌生人想了解一个家庭的各种信息，有很多渠道或方法，所以要特别谨慎。我们可以问问对方有什么事情，随后再转告爸爸妈妈。

安全小贴士

我们可以把家里的电视机或音响打开，让门外的陌生人以为家里有人，不敢做坏事。也可以假装大人在家，大声喊爸妈，说有人敲门，把坏人吓跑。此外，当陌生人已溜进家门并露出真面目时，不要盲目反抗和呼救，因为这样容易刺激到对方，切记保护生命不受伤害是第一位。

遇到陌生人骚扰，要勇敢站出来

案例链接

在上海轨道交通八号线列车车厢内，王某紧贴着一名女孩左侧坐下，左手搭在自己右臂并持续触摸该女孩。其间，女孩挪动座位以躲避，王某仍继续紧贴对方并实施触摸行为。接着，王某又以同样的方法触摸另一名女孩，被该女孩察觉后并质问。王某在逃跑途中，被公安机关抓获。

三个月后，上海公交“咸猪手”第一案开庭，在地铁上连续对女性乘客伸出黑手的被告人王某，被一审判处有期徒刑6个月，罪名是强制猥亵。

这个案件因为被监控记录了下来，证据比较充足，强制猥亵行为也比较明显。另外，一名被害女孩也勇敢地站了出来，当场指正并一路追出了车厢，给案件提供了很大的帮助。

在地铁或公交车上，不少女孩遇到过陌生人骚扰，而大多人选择的是忍气吞声，既不喊出来也不报警。陌生人骚扰也正是利用了车厢内相对拥挤、不易察觉的客观条件，以及被害女孩当众羞于反抗的心理特点，才一次又一次地对女孩实施骚扰。

又有研究表明，很多在公共交通工具上骚扰他人的人，并不是偶尔为之，而是惯犯，他们把这种行为作为一种寻求刺激、满足变态心理的手段。遇到这样的坏人，女孩要勇敢地站出来，并学会用法律保护自己。

安全防护

（1）乘车时，将包或随身携带的物品放在胸口或大腿上，将自己和周围的乘客隔开。如果发现有人刻意往自己身边靠时，应尽量避开或选择到女性多的地方去。

（2）遇到陌生人骚扰时，要大声喊出来："把手拿开！""不要乱摸！"只要大声喊出来，引起了周围人的注意，骚扰者基本就会知难而退，灰溜溜地下车。

但呼喊也应针对不同情况采取不同策略，避免坏人对自己造成伤害。女孩要切记"四喊三慎喊"：男友在旁高声喊，三两女友高声喊，白天高峰高声喊，旁有军警高声喊；大黑人少慎高喊，孤独无助慎高喊，直觉危险慎高喊。

（3）利用公交车等刹车惯性将骚扰者撞开一定的距离，或者随身携带一些尖锐的物品，朝对方狠狠地撞过去，以示警告。

（4）在条件允许的情况下可以拍照或是录视频（视频会更直观），以便向警方提供有力的证据。通常，证据越明确、越完整，就越有利于警方迅速将色狼绳之以法。

（5）夏季天气炎热，女孩在乘公共交通工具时应尽量避免穿短裙或短裤等比较清凉的衣服。如果车上的人很多，“咸猪手”就更有可乘之机了。

安全小贴士

如果我们作为旁观者目睹了一起陌生人性骚扰事件，不要袖手旁观。尽可能拍下骚扰者的行为和脸，用录像的方式留下证据；及时呼救，向周围人发出信号；报警并向周围的工作人员反映情况。

安全知识扩展　女孩应掌握的户外安全常识

户外运动是一组在自然环境举行的带有探险或体验探险的运动项目群。其中包括登山、野营、漂流、攀岩、悬崖速降、皮划艇、潜水、帆船等项目，多数户外运动中带有探险性，有很大的挑战性和刺激性。当我们进行户外运动时，应该要掌握一些户外运动的安全常识。

1. 登山安全

登山是一项强度很大的健身活动。在攀爬的过程中，手的抓、拉和下肢蹬、踏、跨越等动作，不仅可以增强全身肌肉、关节的力量和柔韧性，还能增强人体的呼吸和血液循环功能，增大人的肺活量和心脏收缩力，从而使心脏搏动和呼吸加快、加深，有助于锻炼心肌和呼吸肌等。

我们在登山时需要注意以下事项。

（1）登山的地点应慎重选择。要向附近居民了解清楚当地的地理环境和天气变化的情况，选择一条比较安全的登山路线，并做好标记，防止迷路。

（2）登山时要集体行动，最好结伴而行，以便于相互照应。登山过程中要掌握好节奏，适当休息。休息时，不要坐在潮湿的地方或风口处，以防风寒，在攀爬险路时要特别留心脚下的石头，防止松动的石头给我们带来安全隐患。

（3）登山时最好穿专业的登山鞋，带好足够的食物和水。在行进途中遇到雷雨天气，不要到河边或沟底处避雨，因为雷雨天气可能会有山洪出现。同时也不要在山顶的树下避雨，应迅速就近找个山洞暂时避雨，这样会安全一些。

（4）最好随身携带急救药品，如抗高原反应药品、云南白药、止血绷带等，以便在发生摔伤、高原反应、碰伤、扭伤时，进行急救。

2. 野营安全

野营生活丰富多彩，妙趣横生，它在给人们带来乐趣和享受的同时，也会给我们的安全带来挑战。

（1）在搭帐篷前，应仔细侦查地势，选择平坦的地面、空旷的地方宿营。尽量避免在下凹的地方扎营，营地上方不要有滚石，万一发现滚石，应立即大声喊叫，通知同行伙伴。

（2）尤其在雨季来临时，野外宿营前一定要关注宿营地当地及河流上游地区的气候、水文情况。避免在河流边及川谷地带建立营地，以防被突如其来的洪水冲走。

（3）搭帐篷时一定要选择避风的位置，因为风会很快带走人体的热量，甚至还会引发疾病，卷走帐篷，增加点燃篝火的困难。

（4）营地要选在日照时间较长的地方，这样会使营地比较干燥、温暖、清洁，便于晾晒衣服、物品和装备。

建营地时要仔细观察营地周围是否有野兽的粪便、足迹和巢穴，不要建在多蛇多鼠地带。可以在营地周边撒些草木灰，能有效地防止蝎、蛇、毒虫的侵扰。

3. 漂流安全

随着人们户外活动项目的不断扩展和技术技能的不断提高，漂流受到越来越多人特别是青年人的青睐。

（1）我们出发漂流时，最好带一套干净的衣服，以备下船时更换，同时最好携带一双塑料拖鞋，以备在船上穿。

（2）漂流时不可携带贵重物品，随身携带的物品要用塑料袋包好。

（3）漂流过程中需注意沿途的箭头及标语，可以帮助我们提早发现跌水区。在下急流时，要抓住艇身内侧的扶手带，坐在后面的人身子略向后倾，双人保持艇身平衡并与河道平行，顺流而下。

（4）如遇翻船，也不要慌张。因为身穿的救生衣会为我们的安全提供保障。

4. 攀岩安全

攀登对象主要是岩石峭壁或人造岩墙。攀登时不用工具，仅靠手脚和身体的平衡向上运动，手和手臂要根据支点的不同，采用各种用力方法，所以对人的力量要求及身体的柔韧性要求都较高。

严格要求装备质量。攀岩基本装备包括安全带、主绳、铁索、防滑粉袋、绳套、攀岩鞋、下降器及上升器等。在购买和选用这些装备时必须注意其质量。

患有高血压、心脏病、恐高症的人不适合做攀岩运动。

攀岩前要做好热身，以免拉伤肌肉或筋腱。攀爬前，静思路径和方法，预设坠落动作及着点。在没有老师指导的场合下，不使用不熟悉的器材，在没有绳子的保护下不做任何危险的动作。

攀爬时的原则是：两手、两脚勿交叉；确保顺序，不急进；手攀，保持平衡；脚踩，撑体重；身体勿接触岩面。抛下绳索前，必须考虑到他人的安全。

第七章

远离情绪的伤害，才能更好地保护自己

生活中处处是阳光，试着让抑郁走开

案例链接

童雅智力水平一般，但因为在高中阶段学习很用功，因此一直是老师和同学眼中的“三好学生”。高考时，童雅考上了某所大学的物理系。物理系本来就是学校里录取分数比较高的几个院系之一，所以能考进去的人都是佼佼者。很多同学的智力和思维能力都在童雅之上。不过，童雅的经历也给她一种错觉：只要努力，就一定能成功。

进入大学后，童雅给自己制订了一份严格的学习计划表，甚至连每学期的考试名次也有了严格的规定。对于这份计划，童雅抱着必胜的决心。事实上，她的各门功课都取得了不错的成绩，也顺利拿到了奖学金。但是，随着下学期高等数学这门课程的加入，她渐渐地跟不上了。她学习起来很吃力，而且第二学期的各科成绩排名

都大幅下滑，高等数学甚至是倒数几名。

童雅把这一切归于自己不够努力。因此，新学期一开始，她经常熬夜通宵学习。结果一段时间过后，她因脑力透支严重，开始失眠。渐渐地，她有了抑郁的感觉，脑子里每天都充斥着自责和失败的想法。

在我们生活当中抑郁非常常见，其主要表现为睡眠不好，无精神；对事漠不关心，没有自信心，自卑消沉，情绪不稳定；不喜欢跟人交流，喜欢独处。

一般情况下，一旦下述症状持续两周以上，就可能是抑郁的典型表现：食欲或体重下降，疲倦、嗜睡或早醒，对日常活动不感兴趣，精力减退，感到自己没有价值，不能专心做事情等。

如果你正经历着抑郁，那么就需要对它有更深入的了解。更重要的是，你还会学到如何中断抑郁、应对抑郁和避免抑郁。

安全防护

1. 敞开心扉，向合适的人倾诉

我们可以选择向他人倾诉，将心中的苦闷说出来，这本身也是一种宣泄的过程。但前提是，倾听的人必须有足够的智慧与能量，否则我们会发现对方无力帮我们排解，最终可能会大失所望。

遇到不如意的事情，我们也可以和爸爸妈妈聊一聊，毕竟父母是在这个世界上最亲近的人，或许能帮你驱散心头的阴云。

2. 给自己安排一些业余活动

我们可以选择在运动中大汗淋漓来宣泄，如打球、跑步、爬山等，也可以选择唱歌、跳舞、听音乐、看电影、读书等陶冶自己的心灵。

3. 保证充足的睡眠

在睡眠中压力可以得到无形的缓解。如果我们在某段时间感觉特别疲惫，压力大到喘不过气来，那可以找个机会让自己好好地睡一觉，醒来之后会感到久违的轻松。

4. 适当降低自己设定的目标

当自己设定的目标和现实之间存在巨大的反差时，压力就会产生。假如是因为我们将目标定得太高而感到疲惫，不妨适当地降低一下目标。假如我们发现自己的目标无法降低，说明自己的想法过于完美主义。当做事不顺利的时候，我们完全可以尝试换一种方法，也许我们降低了目标，反而会提升做事的效率。

5. 用写日记来缓解抑郁

用写日记来缓解抑郁，是艾伦·贝克博士发明的一种方法，而且已经有数千名抑郁者从中受益。其方法就是将每天的日常活动记录下来，可以分为四个步骤。

（1）通过写日记来了解自己每天的时间都花在什么地方。

（2）对自己的活动进行评价。给自己的日常活动进行打分，可以从“成功”和“快乐”两个方面来评价。

（3）解决从日记中发现的问题。

（4）制订今后的行动计划。

安全小贴士

在与抑郁情绪僵持的过程中，良好的人际关系是对我们一个强有力的支持。因为周围人的理解与支持会令我们平添走出抑郁的勇气，让我们意识到自己并非孤军奋战。

努力战胜自卑，自信的女孩会更漂亮

案例链接

16岁的梦梦在班里的学习成绩属于中上等，性格比较内向，做什么事情都不够自信。有一次，老师组织班里的同学进行英语演讲，虽然梦梦的成绩中等但口语很好。在演讲的过程中，梦梦看着排在自己前面同学的表现，感觉别人的表现都很好，觉得自己的口语也并不是特别好，还有许多不足的地方，这使她突然自卑起来。

轮到梦梦演讲时，她脑子里想的都是自己的缺点，演讲结果显而易见，她没有取得好的成绩。之后，老师找到梦梦问她具体原因时，她支支吾吾说出了自己的真实感受。

自卑的人会对自己的能力、品质等做出偏低的评价，总觉得自己低人一等，并因此感到悲观、失望、惭愧、羞涩，甚至畏缩不前。

进入青春期，女孩的生理和心理等各方面都发生了很大的变化，如果这些变化没有朝着自己期望的方向发展，同时引发的负面情绪也没有得到及时的疏导，一些女孩很可能会因此变得自卑起来。一旦女孩形成自卑心理，就会感到自己事事不如人，没有勇气迎难而上，陷入悲观、失望的情绪中，从而会对做某些事产生排斥、厌恶的心理，不利于自身的进步。那么，我们该如何走出自卑情绪，活出自信呢？

安全防护

1. 保持积极的心态

即使我们发现自己某一方面的能力比较差，也不要自暴自弃，而是要寻找突破自我的方法。只要通过努力获得成功，我们就会变得自信起来。

2. 进行积极的自我暗示

有的人常说自己这也不行、那也不行，这其实是一种消极的自我暗示，它是导致学习和生活失败的主要原因之一。在做某一件事情前，我们应进行积极的自我暗示，比如，“我能行”“我一定能成功”“我会学会的”“我一定能考出好成绩”等，也可以把这些积极的信念写下来贴在或放在我们每天能看得见的地方。

3. 保持不断进步

在不断进步的过程中，我们战胜挫折的经历可以增强自信心。随着自信心的增加，我们会对自己有更客观、清晰的认识，能够设立合理的目标，努力去实现它。因此，适度的自卑能逐渐成为积极努力的原动力，而不是要自我否定和自我轻视。

安全小贴士

自卑的主要类型及表现有四种。一是自负自傲型，即对自己的期望过高，一心想着自己能够出类拔萃，获得别人的认可，事事与他人计较长短；二是封闭怯懦型，即虽然很努力，表现也很优秀，但谨小慎微，不具有创新思维；三是自轻型，即自我评价过低，认为自己什么都不行，看不到自身优点；四是自弃型，即在之前学习中成绩优秀，后来因为不能超越他人而干脆放弃。

克服社交焦虑，有效扩展你的交际圈

案例链接

老师列出了几道数学题让同学们演算，坐在前排的玲玲根本就没听懂老师在讲什么，她拿着笔在纸上无意识地乱画着。

“大家演算得差不多了吧？现在，我请同学来说一下答案。”玲玲头皮一下子抽紧了，她心想：“千万别叫我！千万别叫我！”

“玲玲，你来回答一下吧。”听到老师点名，玲玲咽了一口唾沫，慢慢地站了起来。突然，后排传来一个调皮男生的嘲讽声：“你看她那样，就知道肯定不会做。这么简单的题都不会做，真是笨。”

玲玲听后，更是说不出话来了，她只能无措地盯着黑板上的试题。这时，她多么希望周围的人能够帮助她，可是没有一个人给她提示，有的甚至还对她指指点点。最后，老师什么也没说，只是示意让她坐下了。

这件事使玲玲受到了很大的打击。玲玲高中毕业后，报了自己喜欢的文学专业。本来高中时期那次数学课的阴影已经散去，可是一切似乎朝着更可怕的方向发展。

在一次文学沙龙中，玲玲周围的同学都在侃侃而谈，各自发表着自己精妙的见解。下一个就该轮到玲玲发言了，可是她的手心不断冒汗，心跳越来越快。等到玲玲发言时，她说话结结巴巴，其他同学也开始议论纷纷。她脑袋一下子“嗡”的一声，再也讲不下去了，一切仿佛又回到了那节恐怖的数学课上。

自此以后，玲玲不再参加任何集体活动，包括聚会、出游、沙龙等。但她越是逃避，就越会感到头晕、胸闷。

这就是社交焦虑的具体表现。社交焦虑是一种与人交往的时候，觉得不舒服、不自然，紧张甚至恐惧的情绪体验。严重的社交焦虑者，每天的各种活动如走路、社会活动甚至打电话对他们来说都是很大的挑战。社交焦虑的个体与他人交往的时候往往还伴有生理上的症状，如出汗、脸红、心慌等。

总之，社交焦虑者通常会有很重的心理负担，但是我们必须要勇敢地面对它，才能有效缓解社交焦虑的心理。否则，它会支配我们的精神和身体，阻碍我们的生活和学习。

安全防护

1. 停止负面的推测

有他人在场时，我们感到不舒服，这很可能是因为我们在推测他人对我们的看法，而且我们推测的这些看法大多是负面的。

比如，我们在讲话时，看到有两个人在窃窃私语，我们就觉得他们肯定是在说我们的错处，挑我们的毛病。实际上，他们可能是在讨论我们的讲话内容，对此发表一下自己的观点。

因此，请不要再推测他人对自己的评价，不要让我们的错误臆想影响了自己的社会交往活动。要知道，我们的想法并不代表他人的想法。

2. 注意别人的谈话内容

许多社交焦虑者之所以很难跟上正在进行的话题，主要是因为注意力集中在别人对自己的看法上了。假如我们脑袋中充满了对自己、对他人想法的各种议论，那么就很难听清楚别人谈话的内容。所以，一个有效的应对办法就是专心地听别人说话，可以有效地缓解社交焦虑。

3. 寻找积极的回馈

社交焦虑者总是习惯性地避免与他人直视，或习惯性地扫视他人的脸庞，寻找负面表情，从而使自己在交际中更紧张。其实，社交焦虑者可以有意识地寻找那些积极信号。注意，人们对我们微笑或是赞扬的时候，我们要做出回应，因为让对方感到礼貌和舒适是非常重要的。

安全小贴士

焦虑和焦虑症的核心是对恐惧的认知。这种认知的原始形态可以使我们在具体事件与可能预示着危险的特定信号以及环境间建立联想。而焦虑症的标志是即使各种威胁消退已久，并且置身于安全场所中，挥之不去的焦虑感仍然会引发强烈的不安，影响人的正常社交活动。

摆脱嫉妒过头，避免让内心产生各种困扰

案例链接

欣欣是一个很开朗的女孩，朋友们与她交往感觉非常有趣。因为她的笑声很有感染力，她对身边的每一个人都十分友好。她幽默、聪慧，也很有想法，充满魅力。

但是，一旦事情涉及她的男朋友，欣欣就像变了一个人，感情上的嫉妒几乎吞噬了她，时常让她感到焦虑和愤怒。有一次，欣欣的男朋友参加了聚会，其中也有他的前女友，欣欣马上变得焦躁不安，时刻担心对方与前女友重归于好。

当这种嫉妒情绪过分强烈时，为了摆脱它，我们往往会做些使自己后悔的事情。因此，嫉妒过头确实会给我们带来不少麻烦。嫉妒本是一个人的正常情绪，但如果一个人长期处于恶性嫉妒的情绪

中，会产生压抑感，久而久之，会给我们造成各种身心损伤，如怀疑、忧愁、自卑、仇恨等。

另外，恶性嫉妒还会影响人们对事物的正确客观的认识和评价，严重影响人际交往等。法国文学家巴尔扎克曾经说过："嫉妒者比任何不幸的人更为痛苦，因为别人的幸福和他自己的不幸，都将使他痛苦万分。嫉妒心强的人，往往以恨开始，以害己而告终。"

由于青少年时期是人生成长中最为关键的时期，也是心理问题凸显的时期，因此有时这时期的女孩嫉妒心过重，却又不知道如何消除这种强烈的嫉妒情绪。以下的方法可以帮助我们消除这种困扰。

安全防护

1. 把目光放长远

女儿，我们不妨把目光放长远一些，放大自己的格局，慢慢地去拓宽自己的视野。只有这样，我们才不会局限在嫉妒的小格局中而无法自拔。

2. 调整自己的心态

女儿，当看到别人比自己优秀时，我们要多找找对方优秀的原因，而不是单看到别人的优秀成果。要用欣赏的态度去向对方学习，努力让自己变得与对方一样优秀，甚至比对方更优秀。

3. 找到适合自己的位置

女儿，我们要找到适合自己的位置，才能充分发挥自己的才华。找对位置，庸才也可以成为英才。因此，与其嫉妒别人，不如开发自己的特长，扬长避短，创造自己的美好未来。

安全小贴士

嫉妒心理的表现形式大致可分为三种：一是内心痛苦，自己折磨自己；二是极欲发泄，言语伤害他人；三是在行为表现上，对他人构成伤害。性格外向的人和性格内向的人，他们在嫉妒心理的发泄上通常表现出两种截然不同的形式。性格外向的人常采取一些较为明显的表现形式，而性格内向的人常将嫉妒深藏于心，不轻易表露。在嫉妒心理驱使下报复别人时，性格内向的人也常常采取让人难以察觉的形式。

安全知识扩展 认识情绪，才能有效驾驭情绪

一个人的思维模式，决定了他的行为模式和心智模式，而打乱这些模式的就是情绪。强者与弱者最大的区别是：前者是行为控制情绪，后者是情绪控制行为。那么，情绪到底是什么呢？

在普通人的理解中，情绪是喜怒哀乐。其实从心理学的范畴而言，情绪的覆盖面很广，是一系列主观认知经验的综合，包括生理状态和心理状态。这与人们通常以为的情绪只关系到心理状态存在偏差。

1. 了解情绪的运作方式

心理学家曾对情绪的构成进行深入分析和研究，认为情绪的发生包含五个基本元素：认知评估、身体反应、感受、表达和行动倾向。这五个基本元素之间有着先后次序和联动关系，环环紧扣，层层推进。

认知评估指的是人们在最初接受外界刺激的情况下发生的心理反应；身体反应指的是情绪的生理构成；感受是从生理反应到主观的情绪感受；表达是在前面三个因素的基础上，人的情感变化以及表现情感的方式；行动倾向是人在发生生理反应、心理反应和情绪表达之后，对自己应该做出怎样的行为的倾向性。我们只有了解情绪的基本运作方式，才能更深入地了解情绪，也才能够真正管理情绪。

2. 学会接纳情绪

人的情绪可以分为积极情绪和消极情绪，不管是哪种情绪，都会引起人内心的变化，从而引起人们不同的行为表现。

我们要想保持情绪的平静，真正主宰情绪，首先要能够接纳情绪，而不是与情绪对抗。与情绪对抗，会让我们陷入被动的情绪状态，也会导致我们被情绪驱使，无法完全做到平心静气。

当然，每个人梳理和接纳情绪的方式都是不同的。比如，有的人喜欢阅读，阅读使他们汲取心灵的养料，也能获得心灵的力量；有的人喜欢唱歌，在歌声中让心舞飞扬，从而驱散消极的情绪；还有的人喜欢爬山运动，在酣畅淋漓、挥汗如雨的过程中为身体排毒，也为心灵排毒，从而赶走消极情绪。

情商测试表

这份测试表是国际通用的情商测试表，当然也适用于青少年时期的女生自测。此测试表共33题，测试时间25分钟，最大EQ为183分。如果你想对自己有个判断，对于这份测试表你应如实回答。如果你已经准备就绪，请开始计时。

第1~9题：请从下面的问题中，选择一个和自己最切合的答案，但要尽可能少选中性答案。

1. 你有能力克服各种困难。（ ）

A. 是的　　B. 不一定　　C. 不是的

2. 如果你能到一个新的环境，你要把生活安排的（ ）。

A. 和从前相仿　　B. 不一定　　C. 和从前不一样

3. 一生中，你觉得自己能达到你所预想的目标。（ ）

A. 是的　　B. 不一定　　C. 不是的

4. 不知为什么，有些人总是回避或冷淡你。（ ）

A. 不是的　　B. 不一定　　C. 是的

5. 在大街上，你常常避开不愿打招呼的人。（ ）

A. 从未如此　　B. 偶尔如此　　C. 有时如此

6. 当你集中精力工作时，假使有人在旁边高谈阔论。（ ）

A. 你仍能专心工作　　B. 介于A、C之间

C. 你不能专心且感到愤怒

7. 你不论到什么地方，都能清楚地辨别方向。（　）

A. 是的　　B. 不一定　　C. 不是的

8. 你热爱所学的专业和所从事的工作。（　）

A. 是的　　B. 不一定　　C. 不是的

9. 气候的变化不会影响你的情绪。（　）

A. 是的　　B. 介于A、C之间　　C. 不是的

第10~16题：请如实选答下列问题。

10. 你从不因流言蜚语而生气。（　）

A. 是的　　B. 介于A、C之间　　C. 不是的

11. 你善于控制自己的面部表情。（　）

A. 是的　　B. 不太确定　　C. 不是的

12. 在就寝时，你常常（　）。

A. 极易入睡　　B. 介于A、C之间　　C. 不易入睡

13. 有人侵扰你时，你会（　）。

A. 不露声色　　B. 介于A、C之间

C. 大声抗议，以泄己愤

14. 在和人争辩或出现失误后，你常常感到震颤，精疲力竭，而不能继续安心工作。（　）

A. 不是的　　B. 介于A、C之间　　C. 是的

15. 你常常被一些无谓的小事困扰。（ ）

A. 不是的　　B. 介于A、C之间　　C. 是的

16. 你宁愿住在僻静的郊区，也不愿住在嘈杂的市区。（ ）

A. 不是的　　B. 不太确定　　C. 是的

第17~25题：在下面的问题中，每一题请选择一个和自己最切合的答案，同样少选中性答案。

17. 你被朋友、同学起过绰号、挖苦过。（ ）

A. 从来没有　　B. 偶尔有过　　C. 这是常有的事

18. 有一种食物使你吃后呕吐。（ ）

A. 没有　　B. 记不清　　C. 有

19. 除去看见的世界外，你的心中没有另外的世界。（ ）

A. 没有　　B. 不清楚　　C. 有

20. 你会想到若干年后有什么使自己极为不安的事情。（ ）

A. 从来没想到过　　B. 偶尔想到过　　C. 经常想到

21. 你常常觉得自己的家庭对自己不好，但是你又确切地知道他们的确对你好。（ ）

A. 否　　B. 说不清楚　　C. 是

22. 每天一回家就立刻把门关上。（ ）

A. 否　　B. 不清楚　　C. 是

23. 你坐在小房间里把门关上，但你仍觉得心里不安。（ ）

A. 否　　　　　　B. 偶尔是　　　　　　C. 是

24. 当一件事需要你做决定时，你常常觉得很困难。（　）

A. 否　　　　　　B. 偶尔是　　　　　　C. 是

25. 你常常用抛硬币、翻纸、抽签之类的游戏来预测凶吉。（　）

A. 否　　　　　　B. 偶尔是　　　　　　C. 是

第26~29题：下面各题，请按实际情况如实回答，仅须回答“是”或“否”即可，在你选择的答案下面打“√”。

26. 为了学习你早出晚归，早晨起床你常常感到疲惫不堪。

是　否

27. 在某种心境下，你会因为困惑陷入空想，将工作搁置下来。

是　否

28. 你的神经脆弱，稍有刺激就会使你战栗。

是　否

29. 睡梦中，你常常被噩梦惊醒。

是　否

第30~33题：本组测试共四题，每题有五种答案，请选择与自己最切合实际的答案，在你选择的答案下面打“√”。

答案标准如下：1 表示“从不”，2 表示“几乎不”，3 表示“一半时间”，4 表示“大多数时间”，5 表示“总是”。

30. 工作中你愿意挑战艰巨的任务。

1　2　3　4　5

31. 你常发现别人好的意愿。

1　2　3　4　5

32. 能听取不同的意见，包括对自己的批评。

1　2　3　4　5

33. 你时常勉励自己，对未来充满希望。

1　2　3　4　5

【计分评估】

计分时请按照记分标准，先算出各部分得分，最后将几部分得分相加，得到的分值就是你最终的情商得分值。

【计分标准】

第1~9题：每回答一个A得6分，回答一个B得3分，回答一个C得0分。计（　）分。

第10~16题：每回答一个A得5分，回答一个B得2分，回答一个C得0分。计（　）分。

第17~25题：每回答一个A得6分，回答一个B得3分，回答一个C得0分。计（　）分。

第26~29题：每回答一个“是”得0分，回答一个“否”得5

分。计（ ）分。

第30~33题：回答的分数如选的数字一样，分别为1分、2分、3分、4分、5分。计（ ）分。

总计______分。

【测试结果分析】

得分在90分以下：

说明你的情商较低，你常常不能控制自己，极易被自己的情绪所影响。很多时候，你容易被激怒、动火、发脾气，这是非常危险的信号——你的学业、事业、人际关系等都有可能毁于你的急躁。对此，最好的解决办法是能够给不好的东西一个解释，保持头脑冷静，使自己心情开朗。正如富兰克林所说："任何人生气都是有理由的，但很少有令人信服的理由。"

得分在90~129分：

说明你的情商属于一般的水平，对于一件事，不同时候的你表现可能不一样。这与你的意识有关，你比前者更具有情商意识，但这种意识不是常常都有，因此你需要多加注意、时时提醒自己，特别在遇到不良情绪和挫折的时候。

得分在130~149分：

说明你的情商较高，你是一个快乐的人，不易为恐惧担忧。对于学习、生活你都能热情投入、敢于负责，你为人更是正义正直。

这是你的优点，应该努力保持。

得分在150分以上：

那你是个情商高手，你的情绪智慧不但是你学业、事业的助力者，更是你事业有成的一个重要前提条件。你要做的就是保持这个状态，努力向自己的目标前进。

第八章

紧急危险不慌乱，能应急应变是关键

被困电梯别害怕，冷静应对很关键

遭遇抢劫，“舍小保大”换来人身安全

被人绑架，机智应对不奋力反抗

夜间独行，不可忽视的几个要点

女生宿舍里如何避免发生火灾

安全知识扩展 如何摆脱布基胶带、束线带和绳索

被困电梯别害怕，冷静应对很关键

案例链接

案例一：

一名8岁女孩和小玩伴被困于小区电梯内。她不仅不害怕，还淡定自救，先是将电梯所有楼层按钮全部按亮，然后按下紧急电话按钮，并用电话手表拨打110报警。27分钟后，救援人员到达，两个人被成功救出。

案例二：

初三学生玲玲放学回家时，电梯到四楼突然不动了，电梯门有一小缝，电梯里的灯一直没灭。她先是迅速按键防止电梯突然下坠，然后又从门缝递纸条求救。被困5个小时后获救时，她已写完所有作业。

案例三：

某工业区货梯在运行途中出现故障，一名乘客强行扒开电梯门自行逃生，结果不慎坠落井道，经抢救无效死亡。

案例一、案例二的做法值得我们学习，而案例三是我们一定要引以为戒的，因为这样做的后果极有可能使我们失去生命。

电梯是一种日常的现代化立体交通工具，但是它在为人们带来方便的同时，也存在一定的风险。近年来因电梯故障引发的被困事故屡有发生，除了相关单位要加强对各类电梯的维护保养外，我们自己也要掌握被困电梯时的自救方法，才能更好地保护自己。

安全防护

1. 首先要保持镇静

被困电梯内，关键要冷静，不必担心氧气不足的问题。因为电梯是非密封结构，即使停电了，电梯内有风扇口，也可以使流动的气体进出。

2. 电梯突然停止的自救方法

电梯突然停止，我们要立即用电梯内的警铃、对讲机或电话与管理人员联系，等待外部救援；如果暂时联系不上，可以间歇性地呼救或轻拍电梯门，但注意保持体力；最好是靠在墙壁上，并时不时地调整呼吸。

切忌采取过激的行为，如乱蹦乱跳等；尤其当电梯停在两层中间时，不要强行扒门爬出，否则很可能因为错误自救而掉下去；不要采取仰卧姿势，因为仰卧容易导致呼吸困难。

3. 电梯急速下坠时自我保护的最佳动作

当电梯急速下坠时，我们应迅速把每层楼的按钮都按亮，这样可以使电梯马上停止下坠；同时整个背部和头部紧贴电梯内墙，呈一直线，能保护我们的脊椎；如果电梯内有扶手，最好紧握把手，这是为了固定位置，防止因重心不稳而摔伤；如果没有扶手，就用手抱颈，避免脖子受伤；膝盖呈弯曲姿势。

4. 遇到这些情况不宜乘电梯

当电梯处于以下情况时，我们最好不要乘坐：（1）电梯发生异响；（2）电梯轿厢地板与楼层不平；（3）雷雨天最好不乘坐电梯；（4）电梯将要满员时不乘坐；（5）遇到火灾时不要乘坐。

5. 谨防乘错停、错开的电梯

电梯错停、错开时，乘梯者如果稍不注意，就很容易踏空，危及生命。那么，我们如何应对呢？

（1）等电梯时观察数字显示有无异常。如果数字连续变化速度过快或过慢跳动变化，电梯可能有故障，这时不要乘坐。

（2）无论时间多紧，踏入或踏出电梯轿厢前，多花一秒确认一下轿厢位置是否正确，防止踏空。

（3）不要乱按按钮。部分电梯设定有些楼层停、有些楼层不停。有人通过在特定时间连续按按钮强制电梯在不停的楼层开门。这样做会扰乱电梯程序，危险性极高。

安全小贴士

有关乘坐电梯的安全，这里介绍一个容易记忆的自救小口诀：

电梯突停莫害怕，电话急救门拍打。

配合救援要听话，层层按键快按下。

头背紧贴电梯壁，手抱脖颈半蹲下。

遭遇抢劫，“舍小保大”换来人身安全

案例链接

案例一：

女孩小欣遭一男子尾随入室并面临被侵犯。小欣急中生智，突然对绑匪说道：“我得了艾滋病。”绑匪不相信，小欣拿出自己看重感冒的病历本，绑匪看不懂病历本上像天书一样的字，随后说：“把你的钱拿出来！”小欣并没有反抗，还表示自己没有现金，可以转账。绑匪收到钱离开后，小欣立即打电话报了警，并向警方详细描述了绑匪的身高、外貌、衣着、口音等。几个小时后，绑匪被警方抓获归案。

案例二：

晚上，19岁的女孩丽丽从平湖市区打车回到林埭镇，下车后她边走边玩手机。当她独自走到林埭小学西侧的一座小桥边时，突然

窜出来一个男子，捂住她嘴巴，还拿刀架在她脖子上说："把身上的钱拿出来！"丽丽挣扎呼救，拼命反抗，还说要报警。被激怒的劫匪拿刀划伤了她的右腹部后逃跑，万幸丽丽并无生命危险。但因光线较暗，她没有看清劫匪的体貌特征。

抢劫是指以非法占有为目的，以暴力胁迫或其他手段迫使受害人当场交出财物或抢走受害人财物的一种犯罪行为。这类犯罪行为侵害了他人的人身、财产权利，具有极大的社会危害性。女孩天生柔弱，很容易成为劫匪的目标。当我们不幸遭遇抢劫时，一定不要硬拼，而是要用智慧的头脑去面对，才能脱离危险，保护自己。那么，我们具体应该如何应对呢？

安全防护

1. 不盲目喊救命，保持冷静寻找自救机会

遭遇劫匪时，每个人都会紧张，但为了脱离危险，我们必须保持冷静。盲目喊救命反而会使对抗程度急剧升级，被激怒的劫匪可能会伤害我们。我们只有先将自己的紧张情绪平稳下来，劫匪的情绪才有可能缓和。总之，这个时候我们最该做的就是先虚与委蛇，保证对抗程度不升级，再努力寻找自救机会。但如果周围人比较多，我们就可以边跑边呼救，震慑住劫匪。

2. 摸清劫匪意图，尽可能满足对方

大部分劫匪的初衷都是为了劫取钱财，这时我们不妨主动提出给钱的想法，让对方紧张的情绪先缓和下来，这样有利于使事态趋于平缓。一定要记住一点：我们的人身安全是最重要的。当劫匪是冲着钱来时，不要吝啬，只有保住自己的生命，才有实现其他的可能。

3. 约定“暗语”，做好防范准备

我们在平时就得提前做好一些遇险防范准备。与家人或朋友事先约定一个“暗语”（报警语），一旦说了这句话，就说明自己遇到了危险，要求帮忙。比如，你的父母和你不在同一城市，如遇坏人，在打电话给父母时就可以提到：“明天我不回家吃饭了。”

4. 脱离危险后立即报警

当我们与劫匪面对面的时候，应尽量多地记清对方的长相等体貌特征和逃跑方向。脱离危险后要立即报警，并及时将这些情况清楚地描述给警察，为警方破案提供有利的线索。

安全小贴士

当坏人执意要抢我们的包时，一定不要与坏人进行撕扯，应该及时放弃财物，迅速反向逃跑，远离危险。平时可以在背包里安装防狼报警器，一旦遭遇抢劫时，及时拔下报警器，因为报警声会引起路人注意，并刺激坏人迅速放弃抢夺的包。

被人绑架，机智应对不奋力反抗

案例链接

案例一：

11岁的姚姚上完兴趣班回家的途中不幸被歹徒绑架，歹徒向其父母勒索150万元。时间就是生命，其父母报警后，当地警方迅速与歹徒展开了16个小时的斗智斗勇，最终成功抓获了两名犯罪嫌疑人，将姚姚从歹徒手中解救了出来。

案例二：

某县向阳小学12岁的女孩冬冬遭绑架后，为了保护自己，与歹徒相处过程中不吵不闹。歹徒要其打电话给家人时，冬冬还假意称："叔叔真好，还买肯德基给我吃。"并要妈妈把钱交给歹徒。

冬冬的行为大大降低了歹徒行凶的可能性。之后，她顺利被歹徒放走。但是歹徒没想到的是，冬冬会向警察清晰地描述他的相貌

特征、绑走她时走过的路线及周边的环境等关键信息，帮助警方在24小时内成功破案，最终成功将其抓获。

绑架是歹徒为了满足自己的目的，使用暴力、胁迫等方法，扣留他人，强迫被绑者本人或家属满足其要求的犯罪行为。绑架事件不仅危及人质的生命财产安全，给人质及其亲属造成极大的心理恐惧、精神压力，还极易引起当地群众的恐慌，严重影响社会的稳定。

女孩比较柔弱，很容易成为犯罪分子的目标。当不幸遭遇绑架时，不要硬拼，而是要用智慧去面对，这样才能保护自己。

安全防护

（1）如果不幸被绑架时，一定要保持冷静，观察周围的环境和位置，记清歹徒的模样特征，寻找脱身、逃走或报警的机会。

（2）被绑架后，在转移途中是我们与外界接触的最后机会。因此在转移的过程中，一定要抓住这个机会向外求救。

（3）当被关在汽车后备厢中时，应使劲踹踢车尾灯（车尾灯是汽车后备厢中最薄弱的地方），尾灯被踢掉后可伸出手向路上行人求救。

（4）配合歹徒，千万不要激怒他。需要注意两点：一是不要一直哭闹；二是尽量攀交情、讲好话，让对方放松警惕。我们可以试着与歹徒聊天、拉家常，麻痹对方，使其放松警惕，再顺势摸清对方绑架自己的目的以及自己所处的位置等，然后再想办法打电话报警求助。

（5）当歹徒往我们嘴里塞东西时，我们的舌头要往后蜷缩，这样能为口腔留下活动空间。有了活动空间后，两颊的肌肉以及舌头就能把东西推出来。

（6）室内求救主要有三种：一是声响求救，敲击暖气管、下水道、桶等可以发出声音的物品；二是光线求救，可用灯光、手电筒或镜子反射灯光、阳光等；三是抛物求救，如有临街窗户，可尝试抛出写有自己情况的纸条或其他物品。

（7）静待解救是最安全的办法，但如果我们有一个完美的计划，并且很有可能成功逃掉，不要犹豫，马上逃跑。

安全小贴士

近年来，社会上绑架案件频繁发生，不仅扰乱了正常的社会秩序，还引发了严重的社会恐慌。在平时生活和学习过程中，女孩身上尽量不要携带太多现金或贵重首饰，花钱也不要大手大脚，否则很容易成为歹徒绑架的目标。

夜间独行，不可忽视的几个要点

案例链接

女孩陈某走夜路时在玩手机，突然一名男子将女孩陈某按倒在地上，另一名男子顺势抢走了她的挎包、手机。最后经公安局调查，犯罪嫌疑人是被女孩陈某玩手机时的亮光所吸引。

夜晚出行本来就很不安全，对于女孩来说更加危险，女孩天生柔弱，经常会成为不法分子的侵害对象。作为女孩，如果夜间外出，如何才能让不法分子没有可乘之机呢？那就是不断提高我们的安全防范意识！

安全防护

夜间独行，不可忽视的主要有以下几个要点。

（1）独自行走时，多留意周边的情况，防止可疑人员尾随。

（2）独自行走时要注意财不外露，最好不要随身携带贵重物品。单肩包要改成斜跨背的方式会更安全一些。

（3）夜间出行时，选择最安全的路线，最好能够有人结伴而行。

（4）夜间跑步时，不要每天跑同一路线，而应随时更换线路。

那么，你知道夜间哪些是危险地带吗？

（1）个别小街道。这些地方光线比较昏暗、四通八达。虽然白天一些小街道到处都是人，确实没什么危险，但随着夜色降临，危险还是存在的。

（2）部分城中村。一些城中村位置较偏僻，房租也较便宜，所以很多人愿意选择在这里租房，因此居住的人员也比较复杂，再加上城中村的治安条件稍差，在夜间不安全的因素也会增加。

（3）公园幽暗处。在公园里，夜晚的僻静之处更多，容易有监控盲区。并且在夜晚，公园中间的小湖周围有很多假山，很容易让不法分子藏匿其中。

另外，夜间回家最好不要走楼梯，可以坐电梯。坐电梯时，要留心那些与你一起乘坐电梯的陌生人是否有以下行为：神色诡异，有大量自己的动作，迟迟不按楼层，站在自己的正后方。如果有这类陌生人，要按最近的楼层下电梯，并准备大声呼救。

安全小贴士

在夜间，我们最好不要用ATM机取钱，尤其不要独自一个人去。如果不得不在夜间取钱，要注意锁好防护门，观察周围有无行为怪异的人跟随自己；取钱和卡时，应不让其离开自己的视线范围。

女生宿舍里如何避免发生火灾

案例链接

案例一：

一女生宿舍楼六楼发生火灾，火舌窜出窗外，8部消防车32名指战员到场扑救，幸好未造成人员伤亡。

案例二：

某市商学院宿舍楼302女生宿舍失火，过火面积达20平方米左右。因室内火势过大，4名女大学生从3楼寝室阳台跳楼逃生，其中2人受伤。火灾事故原因是，女生在宿舍里使用“热得快”引发电器故障，并将周围可燃物引燃。

据统计，近五年全国共发生学生宿舍火灾二千多起，平均每天都有学生宿舍着火，且大多都是因用电、用火不慎引发。学校宿舍是人员密集型场所，是学生的聚集点，一旦发生火灾极易发生群死、群伤事故，危害十分严重。

通过综合分析，学校宿舍发生火灾的主要原因有：私自乱拉电源线路；违章使用大功率电器；使用电器无人看管，人走不断电；电线短路；在宿舍内使用明火等。那么，我们应该如何防备和应对火灾呢？

安全防护

（1）宿舍的建筑物、供电线路、供电设备都是按照实际使用情况设计的，在学生宿舍内长时间违章使用大功率电器会带来严重风险。因此，在宿舍中我们不能使用大功率电器，如电水壶、电磁炉、电吹风、卷发棒、电热毯等，否则会使供电线路过载发热，加速线路老化而引发意外火灾。

（2）宿舍中使用的插座、电线等必须符合安全质量标准，电器安装符合规范。发现破损的应及时更换。另外，插座、电线等不要放在床上，电源不与床架等金属物接触，以防漏电。

（3）在使用过程中如发现充电器、台灯等有冒烟、冒火花，发出焦煳的异味等情况，应立即拔掉电源插头，停止使用。

（4）充电设备使用时间过长容易造成险情，因此离开宿舍时，一定要拔掉所有的充电器，以避免火灾事故的发生。

（5）不在宿舍使用明火，不点蜡烛、蚊香，不在宿舍焚烧杂物。蚊香具有很强的引燃能力，点燃后虽然没有火焰，但能持续燃烧，温度在700摄氏度左右，一旦接触可燃物，就很容易引起火灾。如要使用蚊香，一定要把它放在不易燃的支架上，并保证远离可燃物。

（6）一旦宿舍内发生火灾，要及时拨打119火灾电话报警。宿舍内最可能发生的是乱用电器导致的火灾，因此千万别用水扑救，可在走廊内找来干粉灭火器来救火。

（7）发生火灾时，千万不要惊慌失措、乱叫乱窜，应迅速从疏散通道逃生，尽快撤离到警戒区外，不要贪恋财物、不要近距离围观火场，让出生命通道和救援空间。逃离时，可用湿毛巾捂住自己的口鼻，若多叠几层，效果会更好。

安全小贴士

如着火点在楼下且火势大，不能下楼逃生时，切记不能往顶层跑，因为烟气会沿楼道迅速上升。应要立即躲进中间楼层，最好是避难层，选择房门结实、有窗户、屋内有水源的房间，发出求救信号，等待救援。注意可用水浸湿衣被、毛毯等棉织物裹在身上，以免被烧伤。

安全知识扩展 如何摆脱布基胶带、束线带和绳索

摆脱布基胶带、束线带和绳索的方法有以下几种。

1. 摆脱布基胶带

摆脱胶带的关键不是力量，而是要懂得如何创造新的角度，从而轻松将它扯破。

（1）调整姿势。当我们被胶带束缚时，要尽可能远地将身体前倾，手肘和小臂紧靠在一起。如果能做到，就双手握拳。目的是用小臂创造一个密封环境。身体前倾也是给攻击者发出一个“顺从”的信号，让他们明白我们不是麻烦。

（2）挣脱。要想将胶带轻松撕裂，就需要重新创造角度。首先把手臂尽可能高举，高过脑袋；然后迅速地将双臂张开向两边下拉，就像是迅速将双手拉过两边髋骨一样。

反复练习，直到掌握动作为止：从头顶开始，急剧下拉、分开，最后将双手拉向两侧，超过髋骨，胶带就会被扯破。注意，手臂和双手分开一定要超过两侧髋骨。

2. 摆脱束线带

如果不懂得正确的方法和步骤，束线带是很难摆脱的。

（1）调整姿势。被束线带绑住之后，将双臂尽可能远地向身前伸展，两臂紧贴。

（2）旋转锁扣。绑住你双手的束线带上有个小锁扣，我们必须转动锁扣，让它刚好位于双手手掌的接合位置。尽可能靠近中央，这需要用牙齿咬住束线带末端，然后将锁扣转到正确位置。

（3）挣脱。挣脱束线带的技巧和挣脱胶带完全一样。尽可能地把双手向头顶方向举，两臂紧贴。迅速地将双臂垂直下拉，然后向两侧打开，超过髋部，锁扣就会弹开。

3. 摆脱绳索

虽然绳索的运用没有布基胶带普遍，但如果发现自己身处险境，懂得如何摆脱绳索非常重要。

（1）调整姿势。被绑之后，双手手掌紧握在一起，但手肘要分开。注意不要像被胶带绑住之后一样双臂紧贴。手肘分开的目的是靠手腕的弧度来创造额外的空间。

（2）前伸和摇动。被绑起来后，保持手肘张开姿势，将手臂前伸，直至完全伸直，同时确保双手平端，且相互紧压。然后开始迅速来回摇动双手，直至能够抽出一只手。无论绳索粗细，这种方法都很奏效。如果绳索较细，花费的时间就会较长，且双手可能会被绳索磨伤。

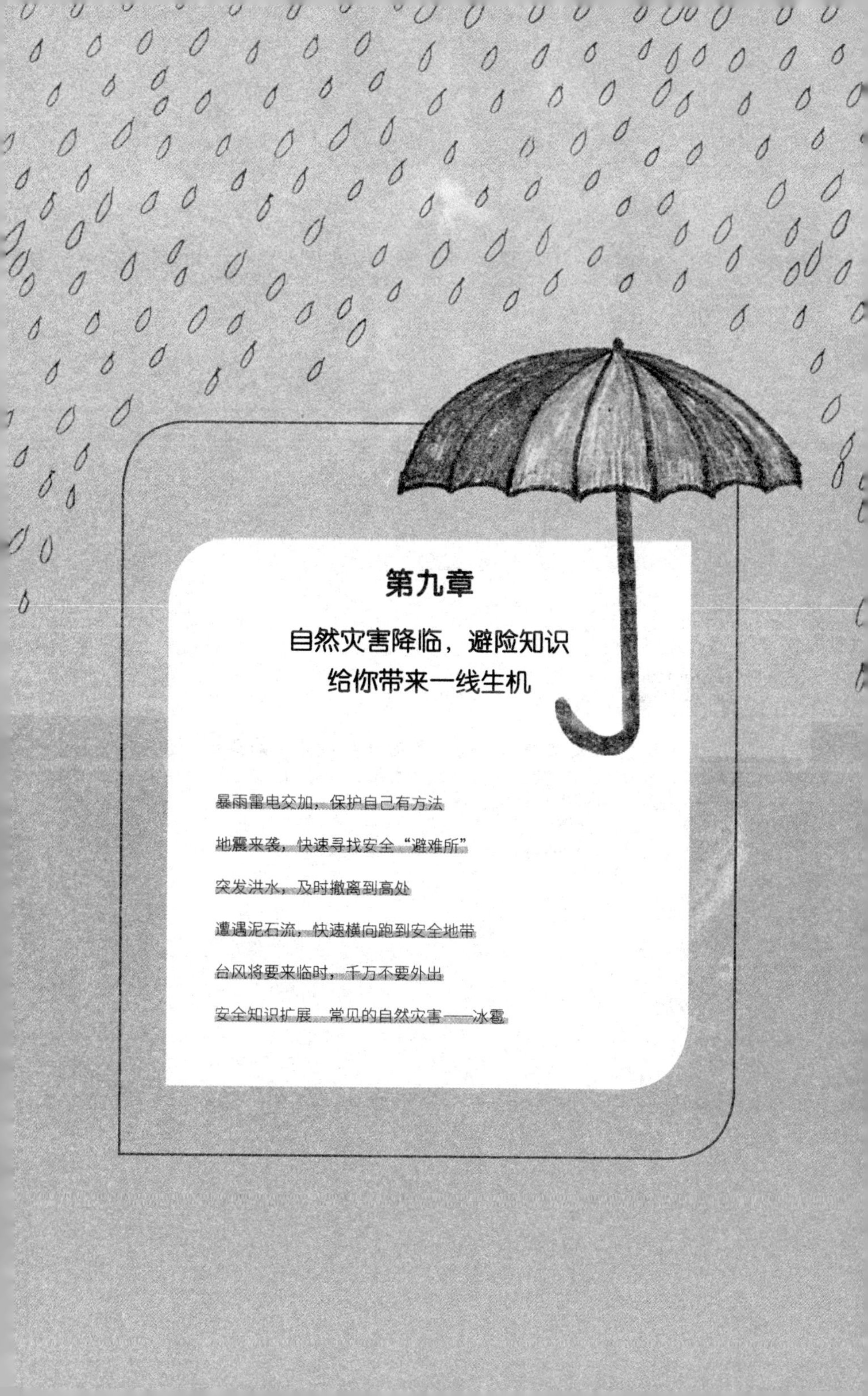

第九章

自然灾害降临，避险知识给你带来一线生机

暴雨雷电交加，保护自己有方法

案例链接

“7·12”北京特大暴雨，暴雨疯狂肆虐，雨量历史罕见。暴雨引发房山地区山洪暴发，拒马河上游洪峰下泄。全北京市受灾人口达190万人，其中79人遇难，经济损失近百亿元。这场天灾给首都人民带来了巨大的生命损失和财产损失。

在这场大暴雨中，两名北京青年因路面积水推车而行，不慎掉进排水井被冲走。

我国是个多暴雨的国家，除西北个别省区外，夏季全国大部分地区几乎都有暴雨出现。受季风、地形等影响，我国暴雨的地域性和时间性特征十分不明显。总体而言，南方多而北方少，东南沿海多而西北内陆少，夏季多而冬季少。

暴雨是大自然向人类发威的一种体现，只有对暴雨进行深入的了解，并且做好及时的防范和应对措施，我们才可能将暴雨带来的损害降到最小。另外，在暴雨的天气下，雷电也很有可能出现，并且雷电也是无法避免的自然灾害之一。

那么，女儿，在面对暴雨、雷电天气时，我们该如何保护自己呢？

安全防护

（1）暴雨天气出行时，我们要避开变压器、电线杆等危险的区域，不要靠近或在架空线、变压器下避雨。如果电线恰好落在离自己很近的地方，不要惊慌，更不能撒腿就跑，而是应以单腿跳跃的形式离开现场。

（2）暴雨有可能会冲开井盖，这时应注意仔细观察，寻找一个木棍探路，小心前行，最好是多人手拉手排成一排走。如果下水道井盖被冲开，大量地表水会在井盖口处形成旋涡；如果下水道的水来不及排走，会在井盖口处形成小喷泉。

（3）乘坐的车辆被困深水区时，首先一定要保持冷静，不要慌乱。在头脑冷静的情况下采用以下紧急手段避险：第一时间尝试开车门，如果车门可以打开，就迅速逃离；如果车门无法打开，要尝试将车窗迅速摇下；万一车门和车窗都打不开，就得用安全锤砸窗，若没有安全锤时，可以使用其他尖锐物品。注意猛踢、用手机砸等方式是无法有效打碎车窗玻璃的。

（4）如在户外遭遇雷雨，来不及离开高大物体时，应马上找些干燥的绝缘物放在地上，并将双脚合拢坐在上面，切勿将脚放在绝缘物以外的地面上，因为水能导电。

（5）雷雨天气时，在室内应关闭门窗，并远离门窗、水管、煤气管等金属物体，同时注意关闭家用电器，拔掉电源插头，防止雷电从电源线入侵。

（6）在室外躲避雷雨时，应远离孤立的大树、高塔、电线杆、广告牌等。在空旷的郊外无处躲避时，不要跑动，不要打雨伞等物件，应尽量寻找低洼处（如土坑）藏身，或双脚并拢，就地蹲下。

（7）如多人聚集室外，勿相互挤靠，防止被雷击中后电源互相传导。

安全小贴士

暴雨的四种常见预警：一是蓝色预警，指12小时内降雨量将达50毫米以上，或已达50毫米以上且降雨可能持续；二是黄色预警，指6小时内降雨量将达50毫米以上，或已达50毫米以上且降雨可能持续；三是橙色预警，指3小时内降雨量将达50毫米以上，或已达50毫米以上且降雨可能持续；四是红色预警，指3小时内降雨量将达100毫米以上，或已达100毫米以上且降雨可能持续。

地震来袭，快速寻找安全“避难所”

案例链接

一个炎热的夏天，天气异常闷热，当天李欣睡得很晚，只是睁着眼睛躺在床上。突然她感到一阵剧烈震动，外面一片雪亮，在亮光下参差不齐的砖缝一开一合，房屋摇摇欲坠。李欣害怕极了，她意识到是发生地震后，赶紧从床上滚下来。

很快楼板掉下来，李欣以跪半趴的姿势被压在了里面，一动也不能动。在黑暗中，她用手乱摸着周围，发现四周全是砖，慢慢地，她的呼吸越来越急促。为了争取生存的条件，她用手将砖一块一块地拿开，终于从一块砖缝处透来一丝光线和空气。也不知过了多久，李欣听见姐姐呼喊自己的名字后，用微弱的声音竭尽全力地回应着，但姐姐还是没有听到。

李欣急中生智，想到了用敲打的方式让外面的人发现自己。最后，外面的人听到了敲打声，顺声挖了两米深，终于把她救了出来。

当不幸被埋在废墟里时，不停地呼喊以寻求救助的做法是错误的，因为这不仅会加速体能的消耗，还会吸入大量烟尘，造成窒息。正确的求救方式是像案例中的李欣一样，用石块等敲击发声求救，等待救援。

地震又称地动、地振动，在地壳快速释放能量过程中会造成振动，期间会产生地震波的一种正常的自然现象。它具有突然性和不可预测性，一旦发生将会对人类造成严重的危害和损失，而且还会引发一系列的次生灾害。那么，发生地震时，我们该如何做呢？女儿，以下是有关地震的逃生知识，我们应该了解。

安全防护

（1）发生地震时，可采取以下标准姿势。

一是身体尽量蜷曲缩小，卧倒或蹲下，用手或其他物件护住头部；二是如果没有任何保护头部的物件，则应采取自我保护的姿势：头尽量向胸靠拢，闭口，双手交叉放在脖后，保护头部和颈部。

（2）地震来临时，要赶紧找到较安全的避震地点。比如，牢固的桌下或床下，低矮、牢固的家具边，开间小、有支撑物的房间（如卫生间），内承重墙墙角等。然后用靠垫捂住最脆弱的头部。

（3）发生地震时，如果在室内应远离玻璃制品、建筑物外墙、门窗以及其他可能坠落的物体，如灯具等。在晃动停止并确认户外安全后，才能离开房间。我们要知道，地震中的大多数伤亡，是在人们进出建筑物时被坠物击中造成的。另外，千万不要使用电梯逃生。

（4）如果在室外，应避开高大建筑物如楼房，特别是有玻璃幕墙的建筑；还要注意避开过街桥、立交桥；避开危险物、高耸物或悬挂物。（变压器、电线杆、路灯、广告牌等）

（5）如果在学校、商店、影剧院等公共场所遇到地震，记住一定不要慌乱，也不要涌向出口，要避开人流，避免被挤到墙壁或栅栏处。应立即躲到桌子、椅子或坚固物品下面。注意避开吊灯、电扇等悬挂物。

（6）如果不幸被困在了废墟下，要设法用砖石、木棍等支撑残垣断壁，以防余震时再被埋压；不要乱叫，保持体力，可以敲击管道以便救援人员发现自己。

安全小贴士

应急避震的基本原则是震时就地避险，震后迅速撤离。平时要在家中准备一些应急物品，如水、食物、应急灯、备用电池、急救箱、工具（管钳、可调扳手、打火机、一盒装在防水盒中的火柴和哨子）等。

突发洪水，及时撤离到高处

案例链接

案例一：

2019年8月，受“利奇马”台风影响，浙江、山东、江苏等临海多省被洪水围城，内涝严重。

案例二：

2019年7月，贵州省遵义市中北部地区普降大暴雨，多个镇街遭受不同程度暴雨、洪涝、山体滑坡等灾害。

案例三：

2019年4月11日，深圳市瞬时强降雨引发洪水，造成福田区4名河道施工人员被冲走，罗湖区12名清淤工人被冲走，4人获救，2人死亡，6人失联。

洪水是暴雨、急剧融冰化雪、风暴潮等自然因素引起的江河湖泊水量迅速增加，或者水位迅猛上涨的一种自然现象，严重时就会形成自然灾害。由于我国迅猛的人口增长，扩大耕地、围湖造田、乱砍滥伐等人为破坏不断地改变着地表状态，改变了汇流条件，使洪水的暴发变得越来越频繁。

安全防护

（1）洪水来时，如果大家正在学校上课，一定要听老师指挥，不要慌张，不要大喊大叫，要有序地向高处转移。注意千万不要涉水回家。

（2）如果洪水来得太快，已经来不及转移时，要尽可能利用船只、木排、门板、木床等做水上转移，看看周围有没有又高又稳固的地方可以暂时避险。

有条件的可以利用通信工具向当地政府和防汛部门报告受困情况，寻求救援。没有通信条件的可来回挥动鲜艳的衣服求救，让救援人员更容易发现自己。

（3）发现高压线铁塔倾倒、电线低垂或断折时，要远离避险，不可触摸或接近，防止触电。

（4）如果在山区遭遇暴雨，很容易暴发山洪。遇到这种情况，应选择就近安全的路线沿山坡横向跑开，千万不要顺山坡往下或沿山谷出口往下游跑。

（5）当发生溺水，不熟悉水性时可采取自救法：在确保可以呼吸的情况下，取仰卧位，头部向后，使鼻露出水面呼吸。注意呼气要浅，吸气要深，此时千万不要慌张，不要将手臂上举乱扑动。

（6）洪灾易引起饮用水水源污染，造成供水系统的损毁，造成灾区水源性和食源性疾病暴发的风险增加。因此，洪灾过后，一定要积极防范，以避免患上传染病。

（7）洪水凶猛来临时，一定要迅速转移到安全地带，千万不要贪恋财物。

安全小贴士

在生活中，多数人下雨天都会穿上长筒胶鞋，但遇洪水穿长筒胶鞋是非常危险的，一旦长筒胶鞋进水就很难在大水中迈步前进。紧急转移时，我们最好穿带有鞋带的运动鞋。另外，水深齐腰时，我们最好不要前行，应找一块高地等待救援。

遭遇泥石流，快速横向跑到安全地带

案例链接

2019年8月20日，四川省汶川县境内普降暴雨到大暴雨，全县累计最大降雨量达65毫米，22个危险区发生山洪预警，8个乡镇发生强降雨特大山洪泥石流灾害，部分地区道路、电力、通讯中断，造成人员伤亡。

70%以上的滑坡和泥石流是由暴雨引发的，滑坡多发生于山坡，而泥石流会裹杂大量泥沙、石块等松散碎屑物质。泥石流大多伴随山区洪水而发生，与一般洪水的区别是洪流中含有足够数量的泥沙石等固体碎屑物，其体积含量最少为15%，最高可达80%左右，因此泥石流比洪水更具有破坏力。

泥石流经常发生在峡谷地区和地震火山多发区，在暴雨期具有群发性。它是一股泥石洪流，瞬间暴发，是山区最严重的自然灾害。那么，遇到这类自然灾害时，我们应该如何应对和逃生呢？

安全防护

（1）在泥石流多发地区，随时注意暴雨预警预报，选好躲避路线。留心周围环境，警惕远处传来的土石崩落、洪水咆哮等异常声响。

（2）灾害发生时，千万要冷静，别躲进汽车或房子里，也不要爬到树上，否则大量的泥沙和石块会像包粽子一样把我们裹起来。

（3）千万别贪恋财物，不要顺沟谷方向向上游或下游跑。一定要向两边与泥石流方向垂直的山坡上面跑，且不要停留在凹坡处，也不要在土质松软、土体不稳定的斜坡停留，应选择在基底稳固又较为平缓开阔的地方停留。

（4）若泥石流灾害来得太快，来不及躲避，也要尽量保持冷静。如果深陷泥石流当中，不要呼喊救命，因为泥沙很容易堵住嘴，要抱紧大的物体别撒手，再设法横着向岸边移动。

（5）灾后如有条件，可以打电话向外求救。

（6）发生泥石流时，如果在屋里，应躲进低重心的遮挡物下，灾后注意不要强行推开周围的东西，否则容易引发二次伤害。检查自己的身体是否受伤，因体力有限，不要大喊大叫，尽可能收集吃的、喝的，收集到后别一次吃光、喝光，而是应合理分配。如果身边有金属类能敲得响的东西，可敲击发出声响，便于被救援人员尽早发现。

安全小贴士

如果家就住在山脚或盆地，应准备个防灾急救包，雨季到来时要多加警惕，观察天气是否有异象。比如，山坡上的电线杆、树木突然倾斜，房屋墙壁产生裂缝并不断扩大，斜坡出现裂缝，水突然漏失，沟谷中传来像重卡车的轰鸣声等。遇到这些现象，赶紧跑到安全的地方。

台风将要来临时，千万不要外出

案例链接

2019年8月，第9号台风“利奇马”气象评估报告显示，“利奇马”是当年登陆我国最强的台风，具有强度强、雨量大和持续时间长等特点。其登陆强度在历史上排名全国第五、浙江第三，在山东造成的过程降雨强度位列历史第一、在浙江的降雨强度历史第二。

台风先后影响了福建、浙江、上海、江苏、安徽、山东、河北、河南、天津、辽宁、吉林、黑龙江12个省（直辖市）。台风暴雨100毫米以上覆盖的国土面积为36.1万平方千米，250毫米以上覆盖的国土面积为6.6万平方千米。

台风属于热带气旋的一种。热带气旋是发生在热带或副热带洋面上的低压涡旋，是一种强大而深厚的“热带天气系统”。我国把南海与西北太平洋的热带气旋按其底层中心附近最大平均风力（风速）大小划分为6个等级，其中风力达12级或以上的，统称为台风。

台风灾害是我国夏季经常发生的一种气象灾害，也是世界上最严重的自然灾害之一，在世界十大自然灾害中排名第一。台风具有很强的破坏力，狂风会掀翻船只、摧毁房屋以及其他设施，巨浪能冲破海堤，暴雨能引起山洪暴发。台风带来的灾害主要有强风灾、大暴雨、风暴潮等。

安全防护

（1）台风来临前，应检查门窗是否牢固，及时关好窗户，收起阳台重物及悬挂物，加固室外易被吹动的物体；将车辆移至高处停放，切忌停在路边障碍物下或积水路边；住在低洼地段需要转移时，除贵重物品外，还要带上随身日用品，多准备衣服和食物，转移前垫高柜子等家具。

（2）台风到来时，不要在玻璃门窗、危棚简屋、临时工棚附近及广告牌、霓虹灯等高空建筑物下逗留；避免在靠近河、湖、海的路堤和桥上行走，以免被风吹倒或吹落水中。

（3）如果风雨突然减弱消失，警惕是台风眼过境，并非台风已经远离，不要擅自外出，短时间后狂风暴雨可能再度来袭。

（4）当台风预警信号解除后，要在撤离地区被宣布为安全后，才能返回家中。回到家后，煤气、燃气管线，电线线路等设施设备要仔细检查，确认安全后才能使用。

（5）台风过后，及时清除垃圾、人畜粪便，对受淹的住房和公共场所及时做好消毒和卫生处理。不喝生水，不吃生冷变质食物，注意餐具消毒。如果皮肤出现伤口，要及时处理、认真消毒，以免伤口感染。

安全小贴士

台风将要来临时，如果身处危险位置不能及时转移，应尽可能联络救援人员，告知自己具体位置，以便在出现突发情况时，能够及时获得救援。

安全知识扩展　常见的自然灾害——冰雹

冰雹灾害是由强对流天气引起的一种剧烈的气象灾害，它出现的范围虽然较小，时间也比较短，但来势猛、强度大，并常常伴随着狂风、强降水、急剧降温等阵发性灾害性天气过程，具有强大的杀伤力。

1. 冰雹的形成和大小

冰雹是一种从强烈发展的积雨云中降落下来的冰块或冰疙瘩。它们小的如黄豆、绿豆，大的似栗子，甚至鸡蛋。直径一般为5~50毫米，最大的可以达10厘米以上，形状也不规则，大多数呈椭球形或球形，还有锥形、扁圆形的冰雹也出现过。

2. 冰雹常出现在夏季

很多人可能会产生疑问了，冰雹为什么多出现在夏季呢？其实，夏季高温与冰雹并不是相悖的，反而成为产生冰雹的一个触发条件。夏天天气炎热，近地面极易形成不稳定的湿热空气，当高空有弱冷空气时，“上冷下暖”将引起空气的强烈对流，湿热空气迅速上升，为冰雹的形成创造了极佳的条件。而在冬季，近地面气温很低，不能产生强大的快速上升气流，所以冰雹在冬季很难形成。

3. 冰雹来临时的前兆

冰雹来临时的前兆有四个：一是湿度，中午太阳强烈，湿气大，造成空气对流，容易产生雷雨云而降冰雹；二是看云的颜色，冰雹云的颜色先是顶白底黑，之后云中出现红色，形成白、黑、红的乱纹云丝，云边呈土黄色；三是听雷声，雷声不停且很长，声音比较闷，就很有可能降冰雹；四是观闪电，通常冰雹云的闪电大多是横闪，下雨云的闪电大多是竖闪。

4. 遇到冰雹怎么办

遇到这种天气时，要关好门窗，妥善安置好易受冰雹大风影响的室外物品；尽量不要外出，最好留在家里。在室外时，要迅速躲进楼房、顶棚等能够躲避冰雹的安全场所，防止冰雹的袭击。在空旷的地方，应用雨具或其他物品保护好头部，尽快转移到避险的地方。